FORSCHUNGSBERICHTE
DES WIRTSCHAFTS- UND VERKEHRSMINISTERIUMS
NORDRHEIN-WESTFALEN

Herausgegeben von Ministerialdirektor Prof. Leo Brandt

Nr. 55

Forschungsgesellschaft Blechverarbeitung, Düsseldorf

Chemisches Glänzen von Messing und Neusilber

Als Manuskript gedruckt

SPRINGER FACHMEDIEN WIESBADEN GMBH 1953

ISBN 978-3-663-12836-6   ISBN 978-3-663-14486-1 (eBook)
DOI 10.1007/978-3-663-14486-1

Forschungsberichte des Wirtschafts- und Verkehrsministeriums Nordrhein Westfalen

Gliederung

Allgemeines . . . . S. 5
Versuch einer Deutung durch Autoinhibition . . . . . . S. 18
Einige Gesichtspunkte für den technischen Einsatz . . . S. 27
    A) Ablauf der Vorgänge beim chemischen Glänzen . . . S. 27
    B) Das Versagen chemischer Polierbäder . . . . S. 30
    C) Regenerierung erschöpfter Bäder . . . . S. 33
    D) Das Verfahren des chemischen Polierens in
       der Praxis . . . . S. 37
Literaturverzeichnis . . . . S. 40

Forschungsberichte des Wirtschafts- und Verkehrsministeriums Nordrhein Westfalen

Allgemeines

Das chemische Glänzen hat vor dem elektrolytischen vor allem den Vorteil der Einfachheit. Man braucht keine Stromzuführung, sondern taucht den Gegenstand nur einfach in eine Flüssigkeit ein, wartet einige Minuten und zieht ihn dann mit geglänzter Oberfläche wieder heraus, die nur noch mit Wasser abgeschwenkt und getrocknet zu werden braucht. Alle Schwierigkeiten der Tiefenstreuung, denen man beim elektrolytischen Polieren oft in unangenehmer Weise begegnet, fallen hier selbstverständlich weg.

Dem stehen ganz wesentliche Nachteile gegenüber. Dadurch, daß man die Stromstärke nicht mehr regulieren kann, sondern sozusagen willkürlich auf Null hält, hat man einen Freiheitsgrad aus der Hand gegeben. Durch Verändern der anodischen Stromdichte und damit der Abtragungsgeschwindigkeit kann man beim elektrolytischen Polieren das Glänzungsergebnis oft sehr wesentlich beeinflussen; beim chemischen Glänzen dagegen ist man hinsichtlich der Abtragungsgeschwindigkeit rein auf Zusammensetzung, Alter, Temperatur und "Laune" des Bades angewiesen. Daher sind die Möglichkeiten des chemischen Glänzens nicht so vielseitig und allgemein wie diejenigen des elektrolytischen Glänzens. Es gibt nur einige in ihrer Zusammensetzung auf ziemlich enge Grenzen beschränkte Bäder, mit denen man an Leichtmetallen, rostfreien Stählen, Kupferlegierungen und Nickel einen mäßigen Glanz erzielen kann, der meist hinter dem zurückbleibt, was man beim elektrolytischen Polieren erhält. Bis jetzt scheint es, daß man nur bei den Kupferlegierungen unter bestimmten Bedingungen auf einen einigermaßen ebenbürtigen Glanz kommen kann.

Da in Deutschland noch keine genauer zugänglichen Ergebnisse über das chemische Glänzen von Kupferlegierungen bekannt geworden sind, hat die Forschungsgesellschaft Blechverarbeitung e.V. die Verfasser beauftragt, chemische Glänzversuche an Messing und Neusilber vorzunehmen und nachzuprüfen, zu welchen Ergebnissen man mit dem in Amerika in letzter Zeit viel besprochenen Verfahren kommen kann. Obgleich diese Versuche noch nicht abgeschlossen sind, sei doch schon jetzt über einige Ergebnisse berichtet, vor allem um in einem möglichst frühzeitigen Stadium der Untersuchungen den Kontakt mit der an diesen Dingen interessierten Industrie zu gewinnen.

Forschungsberichte des Wirtschafts- und Verkehrsministeriums Nordrhein Westfalen

Alle den Verfassern bisher bekannt gewordenen Berichte über das chemische Glänzen von Messing und Neusilber gehen zurück auf ein amerikanisches (1) des Battelle Memorial Institute aus dem Jahre 1944, das Mischungen von konzentrierter Salpetersäure, Phosphorsäure und Essigsäure in weitem Zusammensetzungsbereich schützt, ohne jedoch genauere Angaben über die günstigsten Zusammensetzungen zu enthalten. In sehr allgemeiner Form werden außer diesen Grundbestandteilen des Glänzungsbades auch gewisse Zusätze von oberflächenaktiven Substanzen (Netzmittel), Oxydationsmitteln (z.B. Chromsäure), und anderen Salzen oder Säuren (z.B. Aminoschwefelsäure) erwähnt; die Angaben sind jedoch ziemlich unbestimmt.

Versucht man nach den Patentangaben zu arbeiten, so hat man einen weiten Spielraum. Man bemerkt jedoch zunächst ziemlich rasch rein qualitativ, daß die Salpetersäure in den Gemischen die wesentlichste Rolle spielt. Sie ist nicht ersetzbar durch andere oxydierende Säuren wie z.B. Chromsäure oder Permangansäure, auch nicht durch Wasserstoffperoxyd. Ihr Gehalt darf 5 Vol.% nicht unter- und 20 Vol.% nicht wesentlich überschreiten. Auch die Phosphorsäure ist nicht etwa durch Schwefelsäure ersetzbar. Dagegen ist die Essigsäure nicht unbedingt notwendig. Man erhält z.B. in einer Lösung von 80 Vol.% konzentrierter Phosphorsäure und 20 Vol.% konzentrierter Salpetersäure nach 5 min Tauchen eines Messingstreifens schon einen ordentlichen Glanz, der durch Zusätze von Essigsäure verbessert werden kann.

Um genauere Angaben zu ermöglichen, waren Serienversuche unerläßlich. Daher wurde in dem Dreistoffsystem HNO_3 - H_3PO_4 - CH_3COOH die Zusammensetzung von 10 zu 10 Vol.%, an besonders interessierenden Stellen von 5 zu 5 Vol.% systematisch geändert, und in die so erhaltenen Bäder Messing- und Neusilberstreifen mit 20 cm^2 freier Oberfläche vertikal und ohne Rühren 5 min lang eingetaucht. (Leichtes Rühren bringt meist eine Verbesserung, starkes Rühren immer eine Verschlechterung des Glanzes). Verwendet wurden Walzbleche Ms 63 und NS 18. Als Ausgangssäuren für die Mischungen kamen Salpetersäure vom spez. Gew. 1,4 (65-70 %), Phosphorsäure vom spez. Gew. 1,6 (80-85 %) und anstelle der Essigsäure technisch reines Essigsäureanhydrid $(CH_3CO)_2O$ zur Verwendung. Der Wassergehalt der Mischung ist also nicht Null, sondern ist durch die mit den Säuren eingebrachten Wassermengen bestimmt; das Essigsäureanhydrid geht bei der Mischung in Essigsäure über und nimmt dabei eine berechenbare Menge Wasser auf. Die

Temperatur wurde mit Hilfe eines Thermostaten auf den jeweils angegebenen Beträgen $\pm$ o,5°C konstant gehalten.

Die Dreiecksdiagramme Abb. 1 bis 6 zeigen das Ergebnis der Versuche. Der Glanzgrad wurde dabei rein nach dem Augenschein beurteilt, da eine objektive Glanzmessung ihre Schwierigkeiten hat und zunächst für diese orientierenden Untersuchungen nicht notwendig erschien. Objektive Glanzmessungen sind jedoch in Vorbereitung. Zur Charakterisierung wurden folgende Unterscheidungen getroffen:

		Schraffur
1)	Glänzend spiegelnd	≡≡≡≡
2)	Glänzend glatt	|||||||||||
3)	Glänzend rauh	\\\\\\
4)	Glänzend genarbt	▩▩▩▩
5)	Matt glatt	ohne Schr.
6)	Matt rauh	//////
7)	Matt dunkel	▩▩▩▩
8)	Heterogenes Gebiet	ohne Schr.

1) bedeutet den besten erzielbaren Glanz, der zwar nicht an die mechanisch erzielbare Politur heranreicht, bei dem man aber immerhin bei nicht zu großer Entfernung ordentliche Spiegelbilder erhält. 2) ergibt zwar Glanz, jedoch keinen Spiegelglanz; man kann einen solchen Glanz z.B. auch durch die bekannte Gelbbrenne (Glanzbrenne) erzielen. Ähnliches gilt für 3), nur daß hier die Oberflächenrauhigkeit wesentlich größer ist. 5), 6) und 7) dagegen sind matte, mehr oder weniger dunkle Ätzungen und entsprechen etwa dem, was man bei der Vorbrenne erhält. Bei den "heterogenen" Oberflächen der Nr. 8 liegen geätzte Streifen neben glänzenden, wobei diese Streifen häufig etwa längs der Blasenbahnen verlaufen, die beim chemischen Angriff des Metalls auftreten. Schließlich erhält man bei manchen Zusammensetzungen zwar sehr stark glänzende, aber genarbte Oberflächen, was unter der Nr. 4 geführt wird.

Die Bilder geben einen Überblick, mit welchen Zusammensetzungen man arbeiten muß, um verschiedene Glanzeffekte zu erzielen. Ohne auf Einzelheiten einzugehen, kann zusammenfassend etwa folgendes gesagt werden. Die Glänzungsergebnisse sind bei Messing wesentlich besser als bei Neusilber. Der Glanz ist jedoch auch bei Messing, so lange man nur in dem angegebenen ternären System ohne Zusätze arbeitet, bei weitem nicht so

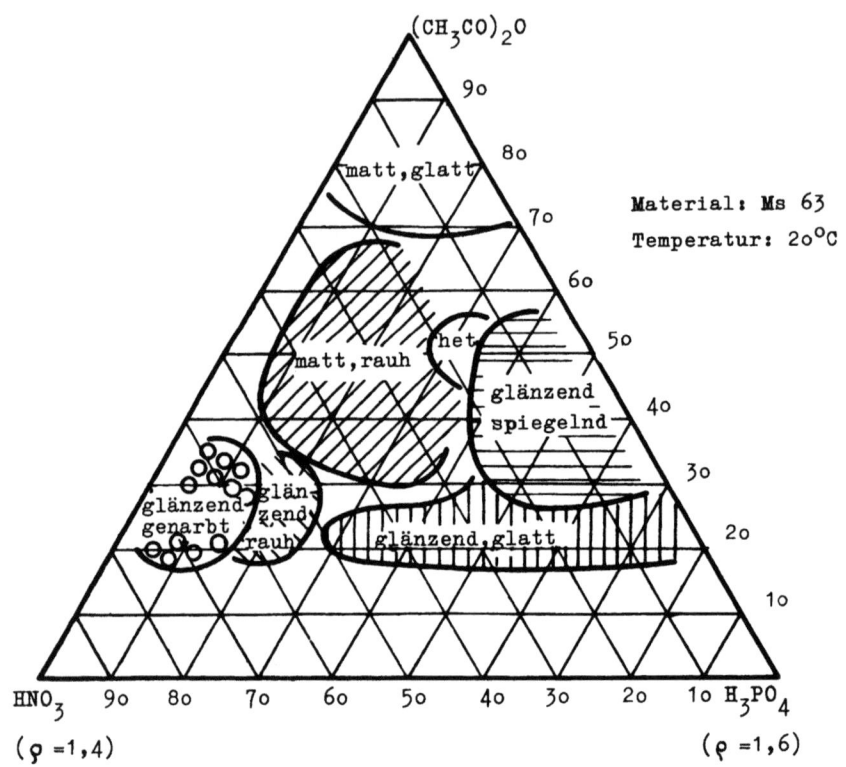

Abbildung 1
Die Verteilung der Glanzgebiete im System
$(CH_3CO)_2O - H_3PO_4 - HNO_3$ bei Ms 63
Badtemperatur: $20°$

Forschungsberichte des Wirtschafts- und Verkehrsministeriums Nordrhein Westfalen

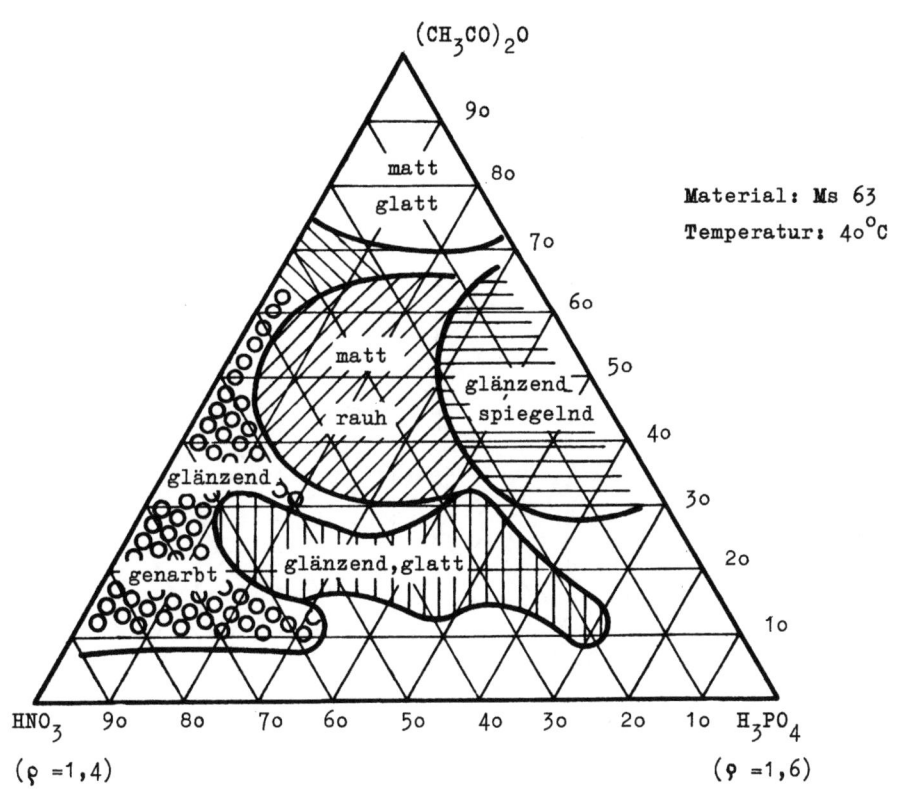

Abbildung 2
Die Verteilung der Glanzgebiete im System
$(CH_3CO)_2O - H_3PO_4 - HNO_3$ bei Ms 63
Badtemperatur: 40°

Forschungsberichte des Wirtschafts- und Verkehrsministeriums Nordrhein Westfalen

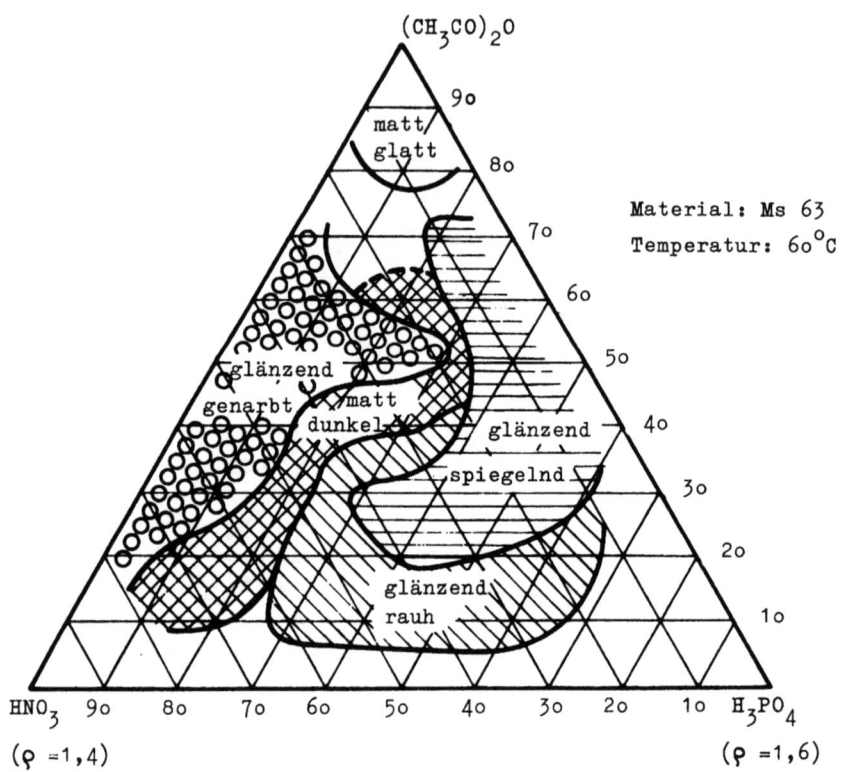

Abbildung 3
Die Verteilung der Glanzgebiete im System
$(CH_3CO)_2O - H_3PO_4 - HNO_3$ bei Ms 63
Badtemperatur: 60°

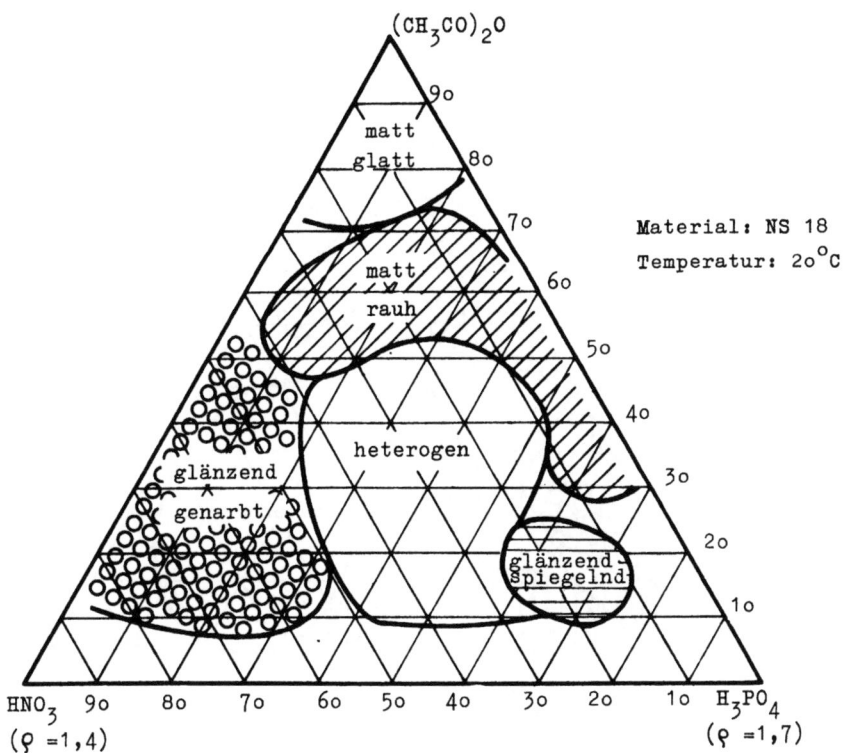

A b b i l d u n g 4

Die Verteilung der Glanzgebiete im System

$(CH_3CO)_2O - H_3PO_4 - HNO_3$ bei NS 18

Badtemperatur: 20°

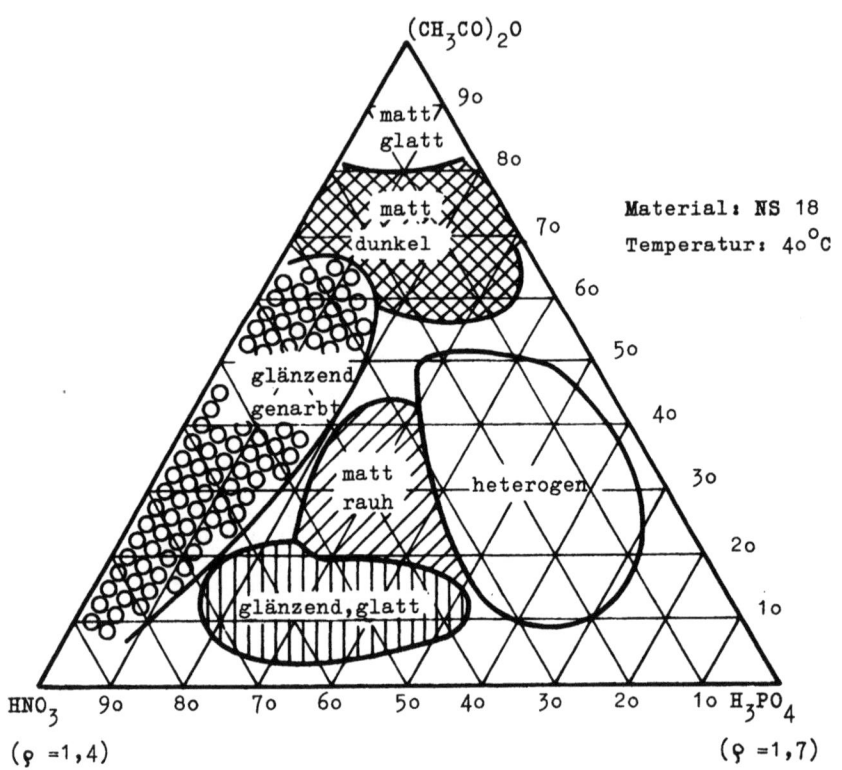

Abbildung 5
Die Verteilung der Glanzgebiete im System
$(CH_3CO)_2O - H_3PO_4 - HNO_3$ bei NS 18
Badtemperatur: 40°

Forschungsberichte des Wirtschafts- und Verkehrsministeriums Nordrhein Westfalen

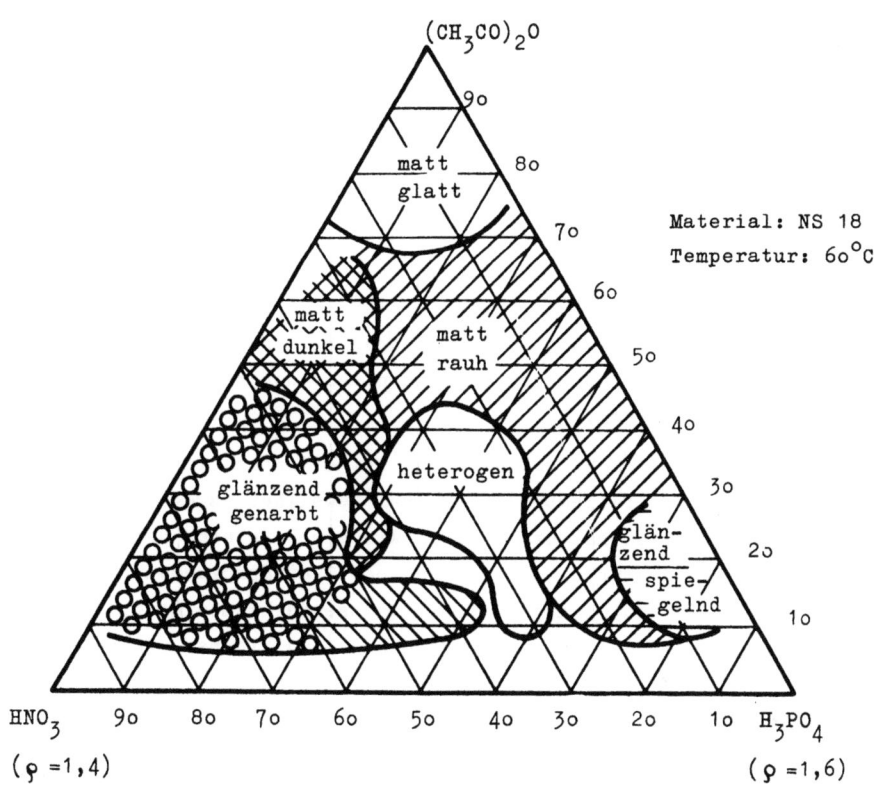

Abbildung 6
Die Verteilung der Glanzgebiete im System
$(CH_3CO)_2O - H_3PO_4 - HNO_3$ bei NS 18
Badtemperatur: $60°$

gut wie der durch mechanisches Polieren erzielbare. Für praktische Zwecke dürfte daher vorläufig das chemische Glänzen weniger für glatte, leicht zugängliche Flächen an massiven Stücken in Frage kommen, als vielmehr für Gegenstände (Schmuck, Teesiebe, kleine, schlecht greifbare Gegenstände), die nur schwierig mechanisch poliert werden können. Hierzu ist allerdings zu bemerken, daß durch Zusätze von oberflächenaktiven Stoffen der Glanz noch wesentlich verbessert werden kann, worüber hier aber noch nicht berichtet werden soll. An den Hochglanz mechanisch polierter Oberflächen kommt man freilich auch hier nicht heran.

Man sieht aus den Diagrammen ferner, daß nur in verhältnismäßig schmalen Bereichen ein Spiegelglanz zu erzielen ist. Die Salpetersäurekonzentration muß zwischen 5 und 20 % liegen; die Phosphorsäure scheint in etwas größerer Menge als die Essigsäure vorliegen zu müssen. In der Nähe reiner Essigsäure erhält man immer nur einen sehr schwachen Angriff mit matter und schwacher Ätzung.

Die Temperaturabhängigkeit der Glänzung ist offenbar nicht sehr groß. Bei Messing scheinen höhere Temperaturen, bei Neusilber dagegen tiefere Temperaturen etwas vorteilhafter zu sein, wie ein Vergleich der für die drei verschiedenen Temperaturen $20°$, $40°$ und $60°$ C aufgenommenen Figuren zeigt: bei Messing wächst das Glanzgebiet mit wachsender Temperatur, bei Neusilber dagegen verschwindet es oder wird mindestens kleiner. Dagegen konnten bei Neusilber durch Abkühlung des Bades auf $0°C$ bessere Ergebnisse, d.h. ein größeres Glanzgebiet erzielt werden.

Leider sind die gut geglänzten Proben oft nicht frei von ganz kleinem Lochfraß (pittings), was wahrscheinlich auf zufällige Verunreinigungen des Metalls zurückzuführen ist. Dies ist für viele Zwecke zweifellos ein bedenklicher Punkt.

Abb. 7 bis 9 zeigen drei Mikroaufnahmen von Messing aus dem Spiegelglanzgebiet. Die Badzusammensetzung war in allen drei Fällen dieselbe. Man erkennt deutlich den Einfluß der Temperatur: bei $20°C$ ist die Messingoberfläche noch ziemlich rauh und der Glanz dementsprechend mäßig ("schlechter Spiegelglanz"). Eine Steigerung der Badtemperatur auf $40°C$ ergibt bereits eine Oberfläche, die eine saubere Kornflächenätzung aufweist. Vergleicht man noch das Mikrophotogramm der bei $60°C$ polierten Probe, so erkennt man, wie mit steigender Temperatur die Glänzungswirkung

Forschungsberichte des Wirtschafts- und Verkehrsministeriums Nordrhein Westfalen

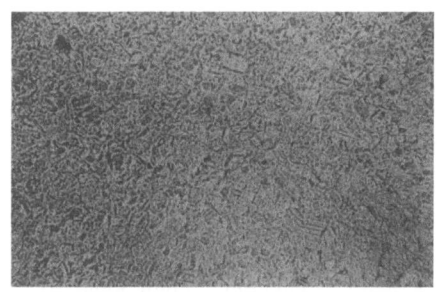

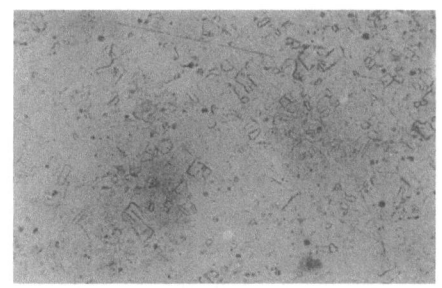

A b b i l d u n g   7
Mikroaufnahme (V=1oo) einer Messingprobe (Ms 63) aus dem Gebiet "glänzend, spiegelnd" von Abb. 1
(Temperatur 2o°)

A b b i l d u n g   8
Mikroaufnahme (V=1oo) einer Messingprobe (Ms 63) aus dem Gebiet "glänzend, spiegelnd" von Abb. 2
(Temperatur 4o°)

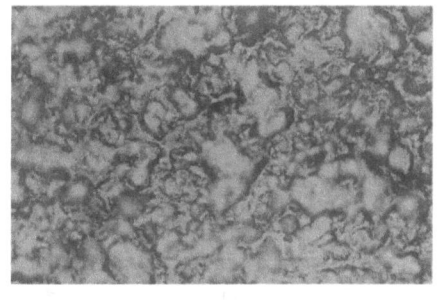

A b b i l d u n g   9
Mikroaufnahme (V=1oo) einer Messingprobe (Ms 63) aus dem Gebiet "glänzend, spiegelnd" von Abb. 3
(Temperatur 6o°)

A b b i l d u n g   1o
Mikroaufnahme (V=45o) einer Messingprobe (Ms 63) aus dem Gebiet "glänzend, genarbt" von Abb. 1

zunimmt. Neusilber verhält sich nicht so übersichtlich, weshalb es in diesem Zusammenhang nicht behandelt werden soll.

Die besten mit den Bädern auf der Basis $(CH_3CO)_2O - H_3PO_4 - HNO_3$ geglänzten Proben sind noch keineswegs glatt, wie Abb. 8 und 9 zeigen. Neben der deutlich ausgeprägten Kornflächenätzung sind noch erhebliche Oberflächenheterogenitäten zu sehen. Einen Schritt weiter kamen die Verfasser erst später, als an Stelle der Phosphorsäure eine konzentrierte Arsensäurelösung verwendet wurde. An Stelle der Ätzpolitur erhält man hier eine glänzende Oberfläche ohne jede Flächenätzung. Oberflächenheterogenitäten wie pittings und kleine Narben sind zwar immer noch vorhanden, doch scheint der letzte Schritt zur Erzielung glänzender und glatter Oberflächen - wenigstens bei Messing - nicht mehr allzu schwierig zu sein.

Als Gegenbeispiel zu den bis jetzt gezeigten Mikroaufnahmen ist in Abb. 1o die Oberfläche eines Messingbleches in 45ofacher Vergrößerung wiedergegeben. Es entspricht dem Gebiet "glänzend, genarbt".

Die Mikrophotogramme geben nicht sehr viel Aufschluß, weshalb auf die Wiedergabe weiterer Bilder aus anderen Gebieten verzichtet ist. Die Aufnahmen zeigen auch, welch verschiedene Ätzbilder man für ein und dasselbe Metall erhalten kann, wenn man das aus denselben Säuren bestehende Ätzmittel (hier das Glanzbad) nur etwas in seiner Temperatur bzw. relativen Zusammensetzung verändert.

Zur weiteren Charakterisierung sind dann noch einige Aufnahmen mit dem Leitz-Forster-Gerät gemacht worden (Abb. 11).

Die seitliche Vergrößerung (V_h) ist hierbei 25fach, die vertikale (V_v) 1ooofach. Das obere Bild eines Bilderpaares zeigt die Messingprobe vor, das untere nach der chemischen Glänzung mit einer besonders guten Polierlösung (6o % Phosphorsäure, 3o % Essigsäureanhydrid, 1o % Salpetersäure). Die oberen Bilder (A) entsprechen einem unbehandelten Messingwalzblech vor und nach dem chemischen Glänzen, die mittleren (B) einem gebürsteten, und die unteren (C) einem mechanisch hochpolierten Stück. Am oberen Bilderpaar sieht man in den Forsteraufnahmen fast keinen Unterschied, obgleich makroskopisch die zum oberen Bild gehörige Probe nur schwach glänzend, die des unteren dagegen spiegelglänzend ist. Trotz dieses guten Glänzungseffektes sieht die geglänzte Probe im Forstergerät eher etwas zerklüfteter aus als die ungeglänzte.

Forschungsberichte des Wirtschafts- und Verkehrsministeriums Nordrhein Westfalen

Messing A
Anlieferungszustand
 (gewalzt)

Messing A
chemisch poliert

Messing B
gebürstet

Messing B
chemisch poliert

Messing C
hochglanzpoliert

Messing C
chemisch poliert

Aufnahmen verschieden behandelter Messingoberflächen
mit dem Leitz-Forster-Gerät

Der Glänzungseffekt spielt sich offenbar in der Ausglättung viel feinerer Rauhigkeiten ab, als sie von dem Forstergerät (Krümmungshalbmesser des Saphirstifts 10μ) erfaßt werden konnten. In der Tat zeigen die mittleren Bilder, daß die durch das Bürsten entstandene besonders feine Zerklüftung nach dem chemischen Glänzen verschwunden ist, während die gröbere Zerklüftung auch hier gleich oder vielleicht sogar eher verstärkt erscheint. Die unteren Bilder zeigen schließlich, daß bei mechanisch vorpolierten Proben das chemische Glänzen an der Glätte der Oberfläche auf große Strecken nichts ändert, daß aber an einzelnen Stellen, wahrscheinlich durch Unregelmäßigkeiten des Materials bedingt, eine Zerklüftung der Oberfläche einsetzt. Sämtliche Proben wurden auch bei diesen Versuchen 5 min in das Glanzbad getaucht. Die Abtragung betrug durchweg etwa $2,5\mu$.

Zur weiteren Charakterisierung der Proben ist neben der objektiven Glanzmessung geplant, galvanische Überzüge herzustellen, insbesondere etwaige

Vorzüge der chemisch geglänzten Proben bei einer nachfolgenden Glanzvernickelung aufzufinden, falls solche vorhanden sind.

Was hier kurz zu schildern versucht wurde, sind rein empirische Beobachtungen über das, was bei chemischen Glänzungsversuchen an Messing und Neusilber in den Bädern des Dreistoffsystems Phosphorsäure, Essigsäure, Salpetersäure ohne Zusätze oder besondere Maßregeln erreicht werden kann. Will man darüber hinaus Fortschritte erzielen, so ist es vor allem wichtig, nach dem Wirkungsmechanismus des Glänzungsvorgangs zu forschen und die Substanzen zu erkennen, die an diesem Wirkungsmechanismus wesentlich beteiligt sind, auf die es also in erster Linie ankommt. Es existiert u.W. über das Zustandekommen des chemischen Glänzens noch keine theoretische Vorstellung. Es wurde daher versucht, erste tastende Schritte zur Aufklärung der Ursachen des Glänzungsvorgangs zu unternehmen; die Verfasser sind dabei zu der Vorstellung gekommen, daß es insbesondere das Zusammenspiel der in den Lösungen immer enthaltenen salpetrigen Säure mit dem Wasser ist, auf das man achten muß, wenn man zu guten Glänzungsergebnissen kommen will. In einer folgenden Mitteilung soll etwas eingehender über die Versuche berichtet werden, die zu dieser Auffassung führen, und über die Vorstellung, die sich über den Wirkungsmechanismus ergab.

Versuch einer Deutung durch Autoinhibition

Wurde in den vorhergehenden Ausführungen über Versuche zum chemischen Glänzen von Messing und Neusilber berichtet, die in erster Linie dazu bestimmt waren, die äußeren Bedingungen zur Erzielung eines guten Glanzes, die beste Badzusammensetzung und Temperatur zu erkennen, so geht es nachstehend weniger um die empirische Feststellung des äußeren Sachverhalts als vielmehr um einen Versuch zur Erkennung des Wirkungsmechanismus. Es wird eine Arbeitshypothese vorgelegt, die als vorläufige Diskussionsgrundlage dienen kann, und kurz geschildert, welche Wege beschritten wurden, um den entscheidenden Vorgängen auf die Spur zu kommen. Daß eine Erkenntnis der ursächlichen Zusammenhänge in jedem Fall erstrebenswert ist, um auch für die Praxis wertvolle Anhaltspunkte für die Badzusammensetzung und sonstigen Bedingungen zu erhalten, braucht wohl nicht betont zu werden.

Die Verfasser gingen von den Verhältnissen beim elektrolytischen Polieren aus, wo immerhin einige theoretische Vorstellungen über den Wirkungsmechanismus vorhanden sind. Auffallend ist die Ähnlichkeit der Gefügeätzung, die man beim chemischen und elektrolytischen Polieren erhält und die einen engen Zusammenhang zwischen beiden Verfahren vermuten läßt. Beim elektrolytischen Polieren wird - unabhängig von den verschiedenen Deutungen im einzelnen - allgemein die Existenz einer dünnen und zähen Oberflächenschicht als unerläßliche Bedingung für den Glänzungseffekt angesehen. Auch beim chemischen Polieren spielt diese Schicht, die mit bloßem Auge gut erkennbar ist, zweifellos eine wichtige Rolle. Beseitigt man sie durch heftiges Rühren, so wird dadurch auch in den besten Bädern die Glänzungswirkung zerstört, während leichte, die Schicht schonende Badbewegung die Glänzung meist fördert.

Zur Stabilisierung dieses Flüssigkeitsfilms ist, wie beim elektrolytischen Polieren, zweifellos eine möglichst hohe Zähigkeit des Bades anzustreben, und man darf wohl annehmen, daß es eine der wichtigsten Funktionen der als Hauptbestandteile erforderlichen Phosphorsäure ist, für diese Zähigkeit zu sorgen. Zudem hat H.F. WALTON (2) vor kurzem festgestellt, daß die Zähigkeit der Phosphorsäure durch Auflösung von nur geringen Mengen Zink- und besonders Kupferphosphat noch einmal erheblich gesteigert wird. Beispielsweise erhöht ein Zusatz von etwa 2 % $CuHPO_4$ zu einer 86 %igen Phosphorsäure deren an sich schon große Viskosität auf das 1 1/2fache. Es wird sich also gerade die dünne, am Metall haftende Oberflächenschicht, in der sich diese Salze bei der Auflösung des Messingmetalls bilden, durch eine besonders hohe Zähigkeit auszeichnen. Beim elektrolytischen Polieren versucht man meist die Zähigkeit durch Glyzerinzusatz zu erhöhen; da jedoch beim chemischen Polieren zum Unterschied vom elektrolytischen das Bad immer Salpetersäure enthält und daher die Gefahr der Nitroglyzerinbildung nicht ohne weiteres auszuschließen ist, haben die Verfasser von solchen Zusätzen zunächst abgesehen.

Beim elektrolytischen Polieren sind bekanntlich die Stromdichte-Potential-Kurven sehr aufschlußreich. Steigert man die anodische Stromdichte i nach einem bestimmten Zeitprogramm und trägt die sich einstellenden Anodenpotentiale E gegen die Stromdichte in ein Koordinatensystem ein, so erhält man Kurven mit einem waagerechten Abschnitt, wie in Abb. 12

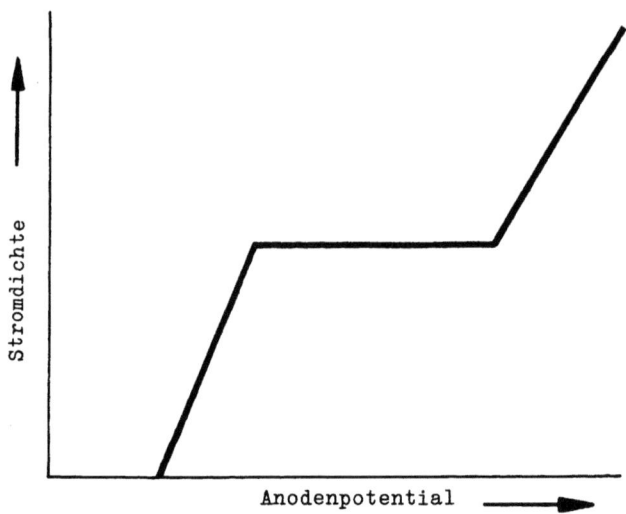

Abbildung 12
Stromdichte-Potentialcharakteristik beim
elektrolytischen Polieren

schematisch dargestellt. Dieser waagerechte Abschnitt ist kennzeichnend für die Ausbildung einer Deckschicht; sobald er erreicht ist, setzen die Glänzungseffekte ein.

Die rein chemische Auflösung eines Metalls in Säuren ist letzten Endes ebenfalls ein elektrochemischer Prozeß, bei dem die elektrischen Ströme nur nach außen hin nicht bemerkbar werden, weil sie in den kurzgeschlossenen, mikroskopischen Lokalelementen fließen. Man könnte daher vermuten, daß zwischen elektrolytischem und chemischem Polieren ein enger Zusammenhang etwa in der Weise bestehe, daß das chemische Polieren nur einen Sonderfall des elektrolytischen Polierens darstelle, bei dem der waagerechte Abschnitt der Stromdichte-Potential-Kurve mit der Abszissenachse zusammenfalle, so daß bereits bei der Stromdichte null ein Glänzungseffekt eintrete.

Um diesen Gedankengang zu prüfen, haben die Verfasser serienmäßig Stromdichte-Potential-Kurven in verschiedenen Bädern aufgenommen, wobei die

Badzusammensetzung wieder von 1o zu 1o Vol.% geändert wurde; und zwar wurde mit der Badzusammensetzung das Schaubild der Abb. 1 parallel zur Dreiecksseite $HNO_3-H_3PO_4$ einmal auf der Linie 1o %, das andere Mal auf der Linie 4o % $(CH_3CO)_2O$ durchschritten. Im ersten Fall wird kein Glanzgebiet berührt, im zweiten enthält die Linie einen Übergang von einem ausgesprochenen Ätzgebiet in das Gebiet des besten Glanzes.

Das Ergebnis dieser Versuche war rein negativ; es genügt daher, kurz zusammenfassend zu sagen, daß die Stromdichte-Potential-Kurven von dem Übergang in das Glanzgebiet keine Notiz nahmen und in völlig uncharakteristischer Weise von der Zusammensetzung der Lösung abhängig waren. Eine besonders starke Annäherung des waagerechten Abschnittes an die Abszissenachse im Glanzgebiet wurde nicht beobachtet. Danach schien also trotz des Auftretens eines viskosen Oberflächenfilms in beiden Fällen und trotz manch anderer Ähnlichkeiten kein tieferer Zusammenhang im Wirkungsmechanismus zwischen chemischem und elektrolytischem Polieren zu bestehen.

In der Abtragungsgeschwindigkeit der Metalloberfläche ergab sich sogar ein unverkennbarer Unterschied zwischen den beiden Verfahren. Während nämlich das elektrolytische Polieren im allgemeinen auch bei recht hohen Abtragungsgeschwindigkeiten gut vor sich geht, sind in den von den Verfassern durchgeführten Versuchen des chemischen Glänzens hohe Abtragungsgeschwindigkeiten immer schädlich gewesen. Man kann durch entsprechende Badzusammensetzung leicht je min eine Metallschicht von $2o\,\mu$ Dicke rein chemisch ablösen; es wurde aber in vielen Versuchen nicht ein einziges Mal eine Glänzung beobachtet, wenn die Abtragungsgeschwindigkeit so hohe Werte annahm. Das Bad mußte vielmehr so zusammengesetzt sein, daß nicht mehr als etwa $o,8\,\mu$/min abgetragen werden, wenn es gute Glänzungen liefern sollte.

Überhaupt scheint es, daß die Substanzen des Bades, welche die Auflösungsgeschwindigkeit des Metalls regeln, auch für die Glänzung von ausschlaggebender Bedeutung sind.

Das sind weniger die Hauptbestandteile des Bades als vielmehr einige nur in geringer Menge vorhandene Lösungsgenossen, die bei Angabe der Badzusammensetzung meist nicht genannt werden, die aber mit den Säuren immer eingeschleppt werden. Insbesondere der Gehalt an Wasser und an salpetriger Säure ist von ausschlaggebender Bedeutung für die Auflösungsgeschwindigkeit und damit auch für den Glänzungseffekt.

Es ist seit langem bekannt, daß die salpetrige Säure auf die Auflösung von Kupfer oder Messing in Salpetersäure katalytisch wirkt. Beim Auflösen von Kupfer in Salpetersäure bildet sich immer salpetrige Säure, d.h. die Reaktion liefert ihren eigenen Katalysator, und man spricht somit von einer Autokatalyse; folgender einfache Versuch diene zur Verdeutlichung dieses Begriffs. Man gibt in 3 gleiche Gläser je gleiche Mengen reiner rd. 20 %iger Salpetersäure. Zum Glas I gibt man ein paar Tropfen KNO_2-Lösung, wodurch sofort salpetrige Säure (HNO_2) in kleiner Menge gebildet wird; Glas II läßt man unberührt, und zum Glas III gibt man einige Tropfen Harnstofflösung hinzu, wodurch Spuren etwa vorhandener oder entstehender salpetriger Säure chemisch vernichtet werden. Dann bringt man in alle 3 Gläser zu gleicher Zeit einige Kupferspäne. In Glas I beginnt sofort eine lebhafte Gasentwicklung, und die Flüssigkeit ist nach kurzer Zeit vom gelösten Kupfernitrat blau gefärbt. In Glas II sieht man in den ersten 5 Minuten eine kaum nennenswerte Gasentwicklung. Erst nach 5 bis 10 Minuten wird diese sehr viel lebhafter, und die Lösung beginnt nun auch, sich blau zu färben. In Glas III dagegen ist auch nach 1 Stunde noch keine Blaufärbung zu sehen.

Der Versuch ist ein Paradebeispiel zur Erläuterung des Begriffs der Autokatalyse. Der Katalysator ist die salpetrige Säure. Verhindert man ihr Auftreten (Fall III), so wird das Kupfer von der Salpetersäure nur äußerst langsam angegriffen; gibt man sie von vornherein zu (Fall I), so geht die Auflösung sehr rasch vonstatten. Im Fall II, dem eigentlichen Fall der Autokatalyse, bildet sich der Katalysator durch die Reaktion selbst. Damit erklärt sich auch die bekannte, zunächst seltsam anmutende Erscheinung, daß sich Kupfer in frischer, reiner Salpetersäure rascher löst, wenn man nicht rührt, als wenn man rührt; der Grund ist einfach der, daß man durch das Rühren die langsam sich bildende Schicht des Katalysators dauernd von der Oberfläche entfernt.

Da somit die Auflösungsgeschwindigkeit einerseits offenbar von entscheidender Bedeutung für den Glänzungseffekt war, andererseits weitgehend durch das Vorhandensein der salpetrigen Säure gesteuert wird, so schien es den Verfassern wesentlich, die Glanzbäder auf ihren Gehalt an salpetriger Säure zu kontrollieren. Es ergab sich bald, daß die Bildung der salpetrigen Säure beim Glänzungsvorgang in einem frischen Bad in entscheidender Weise vom Wassergehalt des Bades abhing.

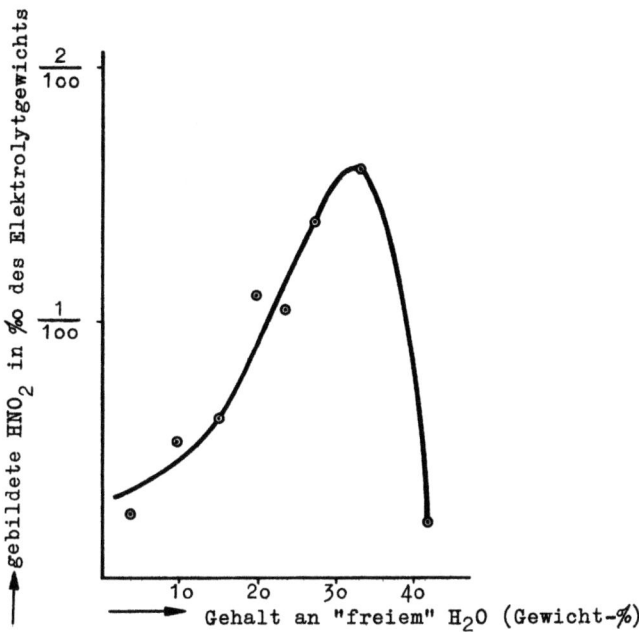

Abbildung 13

Isochrone für t = 1o min bei 2o°C

Zusammensetzung der Polierlösung:

30 Vol.% $(CH_3CO)_2O$
60 " " H_3PO_4, ϱ = 1,75
1o " " HNO_3, ϱ = 1,50

Die Wege und Umwege, die schließlich zu den in Abb. 13 an einem Beispiel dargestellten Versuchsergebnissen geführt haben, sollen hier nicht weiter beschrieben sondern sogleich diese Versuchsergebnisse selbst betrachtet werden. Bei den zugehörigen Versuchen wurden einer Ausgangslösung (z.B. 3o Vol.% Essigsäureanhydrid, 6o Vol.% Phosphorsäure, 1o Vol.% Salpetersäure) wachsende Mengen von Wasser zugesetzt. Für jeden Glänzungsversuch wurde eine frische Lösung aus demselben Vorratsgefäß benutzt, die von salpetriger Säure fast frei war. In jeweils 1oo cm^3 der Lösungen wurde je 1 Messingstreifen von 2o cm^2 Oberfläche 1o Minuten lang eingetaucht, wobei die Lösung ganz leicht gerührt wurde. Alsdann wurde die

Lösung mit einer Permanganatmethode auf salpetrige Säure analysiert, wobei allerdings andere reduzierende Substanzen (z.B. gelöstes NO oder N_2O_3) miterfaßt werden. Es kam vorläufig auf eine genauere Analysenmethode nicht an, deshalb wurde einfach der gesamte Permanganatverbrauch auf salpetrige Säure umgerechnet und die entsprechenden Zahlen als % HNO_2 angegeben, wenn dies auch nicht ganz exakt ist.

In einer großen Zahl von Versuchen, in denen die Phosphorsäure z.B. auch durch Arsensäure oder Pyroarsensäure, die Essigsäure durch Weinsäure oder Zitronensäure ersetzt worden war, ergaben sich immer wieder Kurven vom Typus der in der Abb. 13 für die Ausgangslösung 30 % Essigsäure, 60 % Phosphorsäure, 10 % Salpetersäure dargestellten. In einem gewissen Bereich, in Abb. 13 etwa zwischen 15 und 22 Gew.% H_2O, findet ein steiler Anstieg der HNO_2-Bildung mit wachsendem Wassergehalt des Bades statt. Kurz darauf wird ein Maximum überschritten, und die HNO_2-Bildung ist bei höherem Wassergehalt wieder wesentlich geringer.

Wie dieses Maximum der HNO_2-Bildung bei einem bestimmten Wassergehalt chemisch zustande kommt, ist in diesem Zusammenhang nicht wesentlich; was viel mehr interessiert, ist der Zusammenhang zwischen der Kurvenform und der chemischen Glänzung. Die beste Glänzung erhält man nicht etwa in der Gegend des Maximums der Kurve, sondern ganz ausgeprägt und durch viele Versuche bestätigt immer in der Gegend des größten Steilanstiegs. Man kann z.B. Glanzbäder herstellen, indem man die Phosphorsäure durch Arsensäure oder Pyroarsensäure ersetzt. Man muß nur darauf achten, daß der Wassergehalt auf die Gegend des starken Steilanstiegs in der entsprechenden Salpetrigsäure Bildungskurve eingestellt wird. Die Phosphorsäure ist dagegen durch Schwefelsäure nicht ersetzbar; die entsprechende Kurve zeigt aber mit Schwefelsäure auch ein wesentlich anderes Aussehen. Das Maximum ist zwar auch hier vorhanden, es wird aber wesentlich flacher und erst bei wesentlich höherem Wassergehalt erreicht; ein ausgeprägter Steilanstieg ist nicht vorhanden. Dementsprechend erhält man mit Schwefelsäure statt Phosphorsäure bei keinem Wassergehalt einen ordentlichen Glanz.

Was bedeutet dieser merkwürdige Zusammenhang? Ist aus ihm ein Hinweis für die Deutung der Glanzwirkung der Bäder zu gewinnen? Ein Steilanstieg in der Kurve bedeutet offenbar eine besonders große Empfindlichkeit der

Forschungsberichte des Wirtschafts- und Verkehrsministeriums Nordrhein Westfalen

Bildung von salpetriger Säure bei der Metallauflösung gegen den Wassergehalt. Bedenkt man, daß die Bildungsgeschwindigkeit der salpetrigen Säure nur ein Ausdruck für die Lösungsgeschwindigkeit des Metalls ist, so bedeutet der Steilanstieg in der Kurve zugleich eine besonders große Zunahme der Auflösungsgeschwindigkeit mit steigendem Wassergehalt. Es kommt aber bei allen chemischen Prozessen nicht unmittelbar auf die Konzentration, sondern viel mehr auf die Aktivität der Reaktionsteilnehmer an. Andererseits ist es keine Frage, daß die Wasseraktivität durch die in Lösung gehenden Kupfer- und Zinksalze stark herabgesetzt wird, denn diese Salze haben eine starke Affinität zum Wasser, was ja schon darin zum Ausdruck kommt, daß sie mit viel Kristallwasser kristallisieren. Sie entziehen gewissermaßen auch in gelöstem Zustand dem Lösungsmittel das chemisch wirksame Wasser.

Es sei eine Messingoberfläche mit Mikrorauhigkeiten betrachtet, die in ein solches chemisches Glanzbad getaucht wird, dessen Zusammensetzung im Bereich des Steilanstiegs der Kurve in Abb. 13 liegt. Zunächst bilden sich überall durch Auflösung des Metalls Zink- und Kupfersalze, die die Aktivität des Wassers in der Umgebung der Metalloberfläche herabsetzen und damit die Aggressivität des Bades wegen der starken Wasserempfindlichkeit des Lösungsprozesses ebenfalls herabsetzen. Der Lösungsprozeß erzeugt seinen eigenen Verlangsamer in Form der Metallsalze. Im Gegensatz zu der Autokatalyse, von der oben gesprochen wurde, hat man es hier anscheinend mit einer Autoinhibition mit den frisch gebildeten Metallsalzen als Inhibitoren zu tun. Die Inhibitoren aber werden, namentlich bei leichter Badbewegung, von den Erhebungen der Metalloberfläche viel rascher abgespült als von den Vertiefungen. Man erhält somit eine Inhibition (Verlangsamung) des Lösungsprozesses in den Mulden und Tälern der Oberfläche, während die Hügel und Berge ohne oder mit geringerer Inhibition abgetragen werden. Diese Wirkung wird zwar in gröberen Vertiefungen wegen der laminaren Strömung der Grenzschicht entlang der Oberfläche und der günstigeren Diffusionsverhältnisse nicht mehr so stark zur Wirkung kommen wie in den feinsten Mikrounebenheiten. Dies wurde tatsächlich beobachtet und in den vorhergehenden Ausführungen an einigen Forster-Aufnahmen demonstriert. Je stärker die Badbewegung ist, um so mehr werden die Inhibitoren auch aus den feineren Vertiefungen herausgespült. Daher wirkt starkes Rühren, wie eingangs erwähnt, immer glanzvernichtend. Andererseits wird der Inhibitor bei völlig fehlendem Rühren auch von den Erhöhungen nicht mehr so stark weggespült. Eine leichte Abspülung kommt hier nur noch durch das verschiedene spezifische Gewicht von viskosem Film und der weiter vom Metall entfernten Badlösung zustande. Bei senkrecht eingehängter Metallprobe sieht man mit bloßem Auge ein langsames Absinken des Films von der Metalloberfläche als Schliere. Wenn man also, wie es immer wieder beobachtet wird, beste Glanzwirkung bei leichter Badbewegung erhält, so ist dies wohl einfach so zu erklären, daß nur dann wirkliche Unterschiede in der Autoinhibition von Berg und Tal auftreten. Wie eine leichte Brise den Frühnebel von den Bergen wegfegt, in den Mulden und Tälern dagegen liegen läßt, so sorgt die leichte Badbewegung für eine ungleiche Verteilung der Inhibitoren in den Vertiefungen und Erhebungen der Metalloberfläche und führt schließlich zu deren Einebnung.

Die Verhältnisse liegen hier sogar noch günstiger als bei den atmosphärischen Nebeln, weil die gelösten Kupfer- und Zinksalze nicht nur eine chemische Inhibition, sondern auch - wie schon eingangs erwähnt - eine Zähigkeitssteigerung der Flüssigkeit hervorrufen und damit ein Herausspülen der salzhaltigen Sümpfe aus den Vertiefungen erschweren.

Ist diese Deutung richtig, so muß die Glanzwirkung auch auf solche Stoffe ansprechen, die in den geschilderten Mechanismus der Autokatalyse durch salpetrige Säure bzw. deren Beseitigung durch Autoinhibitoren chemisch eingreifen. Es wurde bereits eingangs mitgeteilt, daß in einer Patentschrift (2) des Batelle Memorial Institute als Zusatzstoffe Chromsäure und Amidoschwefelsäure allerdings in sehr unbestimmter Form erwähnt werden. Beide Stoffe beseitigen die salpetrige Säure mehr oder weniger rasch. Es ist also durchaus denkbar, daß man durch einen entsprechenden Zusatz von Substanzen (stärkere Oxydationsmittel, z.B. Chromsäure ; Amidoverbindungen, z.B. Amidoschwefelsäure, Harnstoff, Natriumamid; Azide, z.B. Natriumazid), welche die salpetrige Säure entfernen, die Glanzwirkung je nach Stärke des Zusatzes steigern oder beseitigen kann. Die Verfasser selbst haben zunächst nur die rein negative Beobachtung gemacht, daß ein gutes Glanzbad schon durch kleine Zusätze von Amidoschwefelsäure oder Harnstoff seine Glänzungskraft verliert. In den gut ausgewogenen Glänzungsmechanismus greifen diese Substanzen immer störend ein. Andererseits ist es wohl denkbar, wenn auch von den Verfassern bisher noch nicht beobachtet, daß derartige Zusätze in geringer Menge auf ein schlechtes

Glanzbad verbessernd wirken, indem sie den Steilanstieg der Kurve verschieben und der Badzusammensetzung anpassen.

Eine Reihe von Beobachtungen stehen mit dieser Deutung der Glanzwirkung im Einklang, so daß Anlaß besteht, dieser zunächst nur als Arbeitshypothese gedachten Vorstellung durch weitere analytische Untersuchungen nachzugehen. Hierüber soll zu gegebener Zeit eingehend berichtet werden.

Einige Gesichtspunkte für den technischen Einsatz

Zunächst sei noch einmal kurz umrissen, wie man sich den Poliervorgang nach den bisher vorliegenden Versuchsergebnissen vorzustellen hat (Abschnitt A), denn die Kenntnis des Glänzungsmechanismus ist eine unerläßliche Voraussetzung für die Beherrschung des Verfahrens. Erst wenn man Einblick in die chemischen Vorgänge gewonnen hat, weiß man auch, wann und warum mit einem Versagen der Polierwirkung zu rechnen ist (Abschnitt B), welche Mittel und Wege zur Behebung von Betriebsstörungen anzuwenden sind (Abschnitt C) und endlich, welche Maßnahmen für den praktischen Betrieb von chemischen Polierbädern zu treffen sein werden (Abschnitt D).

A) Ablauf der Vorgänge beim chemischen Glänzen

Taucht man eine Messing- oder Neusilberprobe in ein Polierbad geeigneter Zusammensetzung (bestehend z.B. aus Essigsäure, Phosphorsäure und Salpetersäure), so bildet sich durch die Auflösung des Metalls ein zäher Flüssigkeitsfilm, dessen Viskosität um ein mehrfaches höher ist als die der übrigen Badflüssigkeit (Abb. 14). Hierdurch "klebt" er, wie man auch durch mikroskopische Beobachtungen feststellen kann (Abb. 15), am Metall, und zwar bevorzugt in den Tälern des Oberflächengebirges. Dieser Befund, der für das Verständnis des Poliermechanismus von entscheidender Bedeutung ist, läßt sich leicht deuten:

Durch die Gasentwicklung beim Auflösungsvorgang, durch absichtlich herbeigeführte Bewegung des zu polierenden Gegenstandes und durch die laminare Strömung in der Flüssigkeitsgrenzschicht, die spezifisch schwerer ist als der übrige Elektrolyt, wird die Ausbildung des Films dauernd gestört. Am stärksten ist dies an den Spitzen der Fall, wo einerseits die äußere ("künstliche") Badbewegung am wirksamsten ist und andererseits

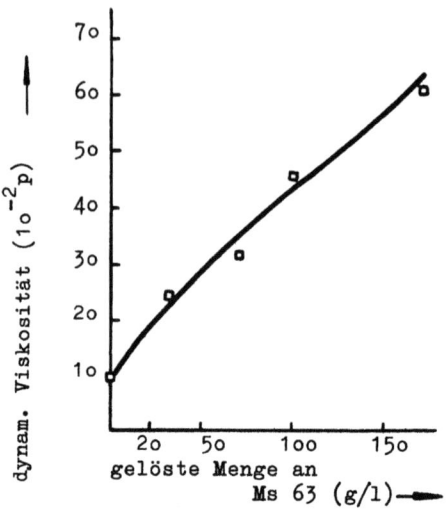

Abbildung 14

Die Zunahme der Viskosität des Polierelektrolyten mit steigender Konzentration an aufgelöstem Metall (Ms 63).
Die unmittelbar am Metall haftende, an Metallsalz gesättigte "Schmierschicht", hat sehr wahrscheinlich eine noch höhere Viskosität als 0,6 [P], da der Elektrolyt bei 150 g/l noch nicht gesättigt ist. Die Werte beziehen sich auf ein Bad aus 30 Vol.% H_2O, 55 Vol.% H_3PO_4 und 15 Vol.% HNO_3 (100 %ige Säuren) bei 20 ± 0,05°C

aus hier nicht näher zu erörternden elektrochemischen Gründen eine wesentlich stärkere Gasentwicklung als in den Tälern auftritt. Somit ergibt sich das Bild, daß der Flüssigkeitsfilm von den Spitzen fortlaufend weggespült wird, während er in den Tälern erhalten bleibt. Dampfdruckmessungen haben gezeigt, daß die Aktivität der Salpetersäure und damit die Auflösungsgeschwindigkeit des Metalls in der Filmflüssigkeit kleiner ist als im normalen, d.h. nicht mit Kupfer- und Zinkionen angereicherten Bad. Es wird dich daher an den Spitzen eine hohe, in den Tälern dagegen eine geringe Abtragungsgeschwindigkeit einstellen; die Oberflächenrauhigkeit wird beseitigt.

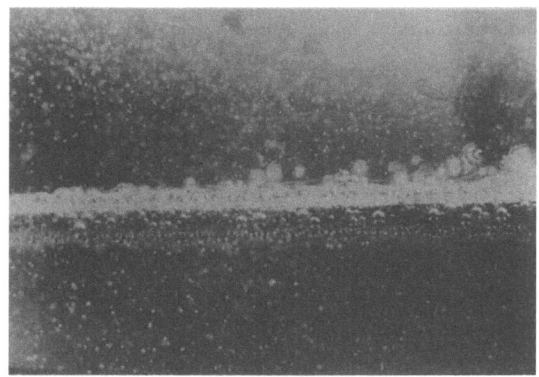

A b b i l d u n g 15
der beim chemischen Glänzen entstehende Flüssigkeitsfilm.
Der in der Abbildung weiße Streifen stellt den in Wirklichkeit blaugrünen Flüssigkeitsfilm dar. Zur Beleuchtung diente ein Elektronenblitz von links. An den Film schließt sich das Metall an, auf dem man deutlich die NO/NO_2-Gasblasen erkennt. Sie wandern infolge der hohen Viskosität des Poliergemisches nur langsam nach oben. Die äußeren Teile des Flüssigkeitsfilms werden hierdurch mitgenommen und sinken in einiger Entfernung vom Versuchsblech wieder ab, wie man sehr schön an der Schlierenbildung erkennt.

Aus dieser Schilderung ersieht man bereits, daß für den Vorgang des chemischen Glänzens zwei Bedingungen von ausschlaggebender Bedeutung sind. Es ist dies einmal die Ausbildung eines geeigneten, die Auflösung hemmenden Films und zum anderen dessen bevorzugte Ablösung an den konvexen Partien der Metalloberfläche. Alle Faktoren - und deren gibt es leider sehr viele -, die eine Abweichung dieser Bedingungen vom Optimalwert verursachen, vermindern oder vernichten den Glanz. Hierüber berichtet der folgende Abschnitt.

B) Das Versagen chemischer Polierbäder

Es gibt Fälle, in denen das chemische Polieren grundsätzlich versagen und zu Enttäuschungen führen wird, nämlich dann, wenn es sich darum handelt, relativ große Oberflächenfehler zu beseitigen. Der Grund ist nach dem soeben geschilderten Poliermechanismus leicht einzusehen:

Die Fehlstellen, beispielsweise Ziehriefen oder Schleifkratzer, stellen im Vergleich zu den Mikrorauhigkeiten sehr flache Mulden dar. In diese dringt z.B. die laminare Strömung der Grenzschicht und damit frische Säure in weitaus stärkerem Ausmaße als in die Feinzerklüftungen ein, so daß der Poliermechanismus durch das Fehlen der selektiven Auflösungshemmung (in den Tälern) versagt. Man darf daher derartige Teile erst nach entsprechender mechanischer Bearbeitung chemisch weiterbehandeln.

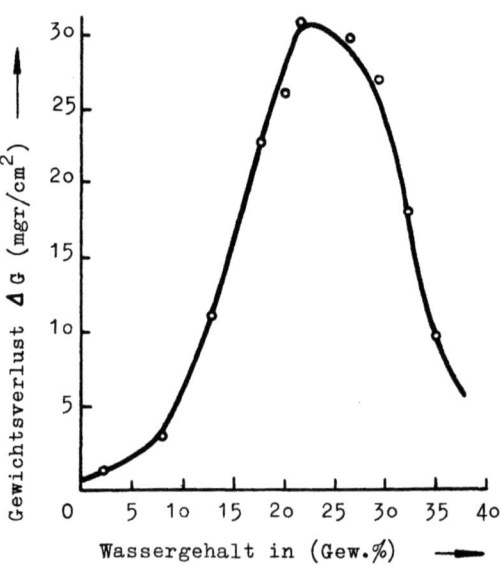

Abbildung 16

Die Abhängigkeit des Gewichtsverlustes eines Bleches aus Ms 63 vom Wassergehalt der Polierlösung.
Lösung: 30 Vol.% $(CH_3CO)_2O$, 60 Vol.% H_3PO_4(1,75)
10 Vol.% HNO_3 (1,50) mit steigenden H_2O-Zusätzen
Temperatur = 20 ± 0,1 °C

Kritischer sind die Versager, die nicht - wie eben besprochen - auf einen falschen Einsatz des Verfahrens, sondern auf allmählich eintretende Veränderungen des Elektrolyten zurückzuführen sind. Hier muß in erster Linie dem Wassergehalt Aufmerksamkeit geschenkt werden. Ein einfacher Versuch zeigt die Zusammenhänge am besten: Man setzt aus möglichst wasserarmen Säuren ein Bad an und bestimmt oder berechnet dessen Wassergehalt. In diesen Elektrolyten (bestehend z.B. aus 30 Vol.% $(CH_3CO)_2O$, 60 Vol.% $(H_3PO_4) \cdot H_2O$, 10 Vol.% HNO_3 1,50) wird ein Messingblech 10 min lang eingehängt und der Gewichtsverlust bestimmt. Nach Zugabe einer bestimmten Wassermenge wird dies in gleicher Weise an einem zweiten Blech usw. durchgeführt, wobei man die Kurve Abb. 16 erhält. Wesentlich ist, daß nur diejenigen Proben glänzen, die dem Steilanstieg zugeordnet sind. Auf der rechten Seite des Maximums im abfallenden Ast tritt Ätzung auf, links vom Steilanstieg ist die Oberfläche matt und mit charakteristischen "Tupfen" übersät. Es zeigte sich außerdem, daß bester Glanz dann erhalten wird, wenn die Kurve extrem steil verläuft.

Dies bedeutet, daß der Wassergehalt der Polierlösung innerhalb sehr enger Grenzen konstant gehalten werden muß. Es ist daher z.B. nicht statthaft, die Ware naß einzuhängen, vor allem, wenn es sich um stark profilierte Teile handelt, wo die eingeschleppte Wassermenge sehr groß ist. Hierbei kann binnen kurzer Zeit so viel Wasser in das Bad eingebracht werden, daß es nicht mehr arbeitet. Die sonst übliche elektrolytische Entfettung empfiehlt sich daher als Vorbehandlung für das chemische Polieren nicht. Wesentlich zweckmäßiger ist die Anwendung organischer Lösungsmittel (Trichloräthylen u.ä.), zumal an die Güte der Entfettung keine großen Ansprüche gestellt werden. Selbst sehr stark mit Fett behaftete Teile werden einwandfrei chemisch poliert, aber man wird natürlich zur Schonung des (sehr teuren!) Bads darauf sehen, daß dieses nicht unnötig verschmutzt wird.

Läßt sich das eben beschriebene Versagen der Polierbäder durch vorschriftsmäßiges Arbeiten verhindern, so gibt es gegen die natürliche Erschöpfung der Bäder keinen Ausweg. Beim Auflösungsvorgang wird Salpetersäure verbraucht, wobei gleichzeitig Wasser gebildet wird. Außerdem steigt durch die zunehmende Konzentration der Kupfer- und Zinkionen die Viskosität des Bads stark an (vgl. Abb. 14). Alle diese Vorgänge greifen störend in den beim frischen Elektrolyten noch wohlausgewogenen Glänzungsmechanismus

ein und bewirken schließlich, daß die Polierwirkung verloren geht. Mit
einiger Übung kann man den "Umschlagspunkt", bei dem der Glänzungseffekt
sehr schnell abfällt, rechtzeitig erkennen und so zusammen mit den weiter
unten angeführten Maßnahmen einen kontinuierlichen Betrieb sicherstellen.
Es treten nämlich mit steigender Belastung des Bades charakteristische
Farbänderungen auf, deren Ursache im Zerfall stark gefärbter $HNO_3 \cdot NO_2$-
Anlagerungsverbindungen liegt. Dieser wird merklich - was in diesem Zusammenhang ja allein interessiert -, bevor die Wirkung des Bads nachläßt.
Solange dieses einwandfrei arbeitet, sieht es grün aus. Vor dem Umschlagspunkt erhält die Farbe einen Stich ins Bläuliche. Unterläßt man die Regenerierung, so wird die Blaufärbung des Bades beim weiteren Arbeiten
rasch stärker und die Polierwirkung geht verloren.

T a b e l l e   1

Veränderungen des Wassergehaltes einer Polierlösung aus 3o Vol.%
H_2O, 55 Vol.% H_3PO_4 und 15 Vol.% HNO_3 bei einer Versuchstemperatur
von 2o°C

Aufgelöste Menge Ms 63 in 55 ml Säure	H_2O-Gehalt in Gewichts% (nach d.Methode von K.FISCHER)	Farbe der Lösung	Farbe des Gasraumes	Polier- wirkung
0,753	20,9 ± 0,1 %	grün	tief-braun	sehr gut
1,758	20,0	"	" "	" "
2,725	22,5	"	" "	" "
3,921	22,6	grün-blau	braun	gut
5,609	22,6	" "	hellbraun	"
9,605	25,8	blau	farblos	keine
11,368	26,3	blau mit Bodenkörper	"	"

Stehen analytische Hilfsmittel zur Bestimmung des Wassergehaltes zur
Verfügung, so kann man den Betriebszustand des Bades durch dessen Ver-
folgung noch wesentlich besser kontrollieren. Tabelle 1 zeigt einige Ergebnisse derartiger, nach der Wasserbestimmungs-Methode von KARL FISCHER

durchgeführter Untersuchungen, zusammen mit den visuellen Beobachtungen. Noch weitaus empfindlicher spiegelt die Zusammensetzung der Gasphase den Zustand der Polierlösung wider.

Auch ohne auf diese etwas komplizierten Zusammenhänge näher einzugehen, sieht man, daß die Frage nach der Betriebsüberwachung chemischer Polierbäder mit "prinzipiell möglich" beantwortet werden darf. Damit soll gesagt sein, daß die gegenwärtigen Analysenverfahren für die Praxis noch zu umständlich sind. Zur Illustration dient Abb. 17, in der ein Teil der Gasanalysenapparatur wiedergegeben ist, wie sie u.a. für die Bestimmung des Verhältnisses NO_2 : NO benützt wurde. (Die Analysendauer beträgt rd. 24 h!)

C) Die Regenerierung erschöpfter Bäder

Der vorhergehende Abschnitt zeigte, daß in einem arbeitenden Bad in der Hauptsache drei Faktoren für die richtige Arbeitsweise bestimmend sind, und daß deren Änderung visuell oder analytisch überwacht werden kann. Es waren dies der Salpetersäure- und Wassergehalt sowie die Viskosität des Bades. Die Regenerierung eines erschöpften Bades muß sich also auf die Richtigstellung aller drei Größen erstrecken. Dies ist gegenwärtig noch keineswegs einfach. Zwar erhält man nach Einstellung der erwähnten Veränderlichen auf den Sollwert wieder Glänzungswirkung, aber der volle Poliereffekt muß durch ein oft sehr zeitraubendes Probieren sichergestellt werden. Die Zusätze sind, besonders bei der Salpetersäure, vorsichtig zu dosieren, da ein Überschuß nur schwer ausgeglichen werden kann. Am besten verwendet man soviel rauchende Salpetersäure (spez. Gewicht 1,5), daß die Farbe des Bades von blau-grün nach dunkelgrün umschlägt. Überschüssiges Wasser wird mit Säureanhydriden, z.B. $(CH_3CO)_2O$ oder P_2O_5 abgefangen. Das erstere (Essigsäureanhydrid) ist vor allem dann von Vorteil, wenn ein erschöpftes Bad rauhe Oberflächen liefert, was durch Zusatz von Essigsäure beseitigt werden kann. Die ausgeprägte makroskopische Glättungswirkung der Essigsäure zeigen Abb. 18 und 19. Ohne oder mit zu geringem Zusatz an Essigsäure erhält man eine Oberfläche, die etwa derjenigen einer Orangenschale gleicht. Ähnliche Oberflächen erhält man auch unter gewissen Bedingungen beim elektrolytischen Polieren. Die beim chemischen Glänzen auftretende Narbung ist allerdings schwächer als dort.

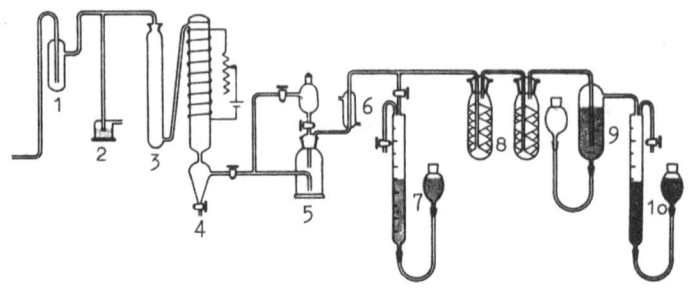

Abbildung 17 a

1	Trocknung des Trägergases	7	Gasbürette für Eichzwecke
2	Überdruckventil		(Thermostatenmantel nicht
3,4	Gasreinigung		eingezeichnet)
5	Reaktionsgefäß	8	Absorptionsflaschen
6	Kühler	9	Trägergasabsorption
		1o	Restgasbestimmung

Abb. 17a: Arbeitsweise der Apparatur zum Überwachen der Gasphase beim chemischen Polieren. Die ganze Einrichtung wird mit gereinigtem CO_2-Gas luftfrei gemacht, nachdem in 5 die Metallprobe eingebracht wurde.

Dann läßt man das Polierbad unter Überdruck in 5 einlaufen und spült mittels CO_2 die entwickelten Gase in die beiden Absorptionsflaschen 8 ein. Durch Titration mit $KMnO_4$ bzw. durch Bestimmung des Gesamtstickstoffgehaltes in einem (hier nicht gezeigten) Nitrometer kann so der Gehalt der beim chemischen Poliervorgang entwickelten Gase an NO und NO_2 bestimmt werden. Das nicht in 8 absorbierte Restgas wird, nachdem in 9 das CO_2 - Spülgas absorbiert wurde, in 1o abgemessen. Es besteht aus N_2O und N_2. N_2O wird in ein (nicht gezeigtes) Göckelgerät übergeführt und durch Verbrennen an glühendem Platin bestimmt. Der Stickstoff ergibt sich als Differenz.

Forschungsberichte des Wirtschafts- und Verkehrsministeriums Nordrhein Westfalen

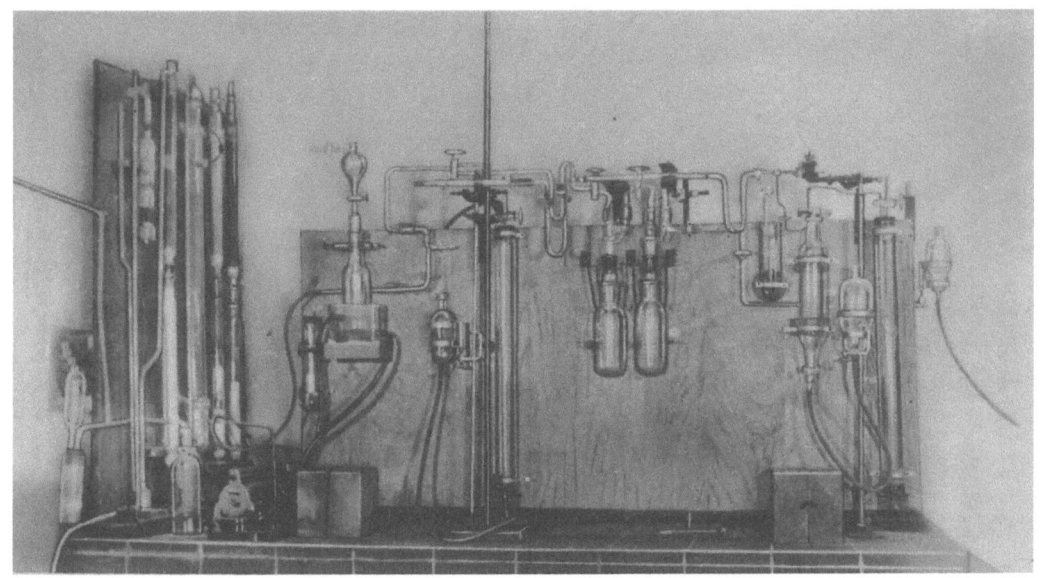

Abbildung 17 b
Ausführung der Apparatur Abb. 17 a

Ganz links erkennt man die CO_2-Gasreinigung, dann ein Hg-Überdruckventil sowie das Reaktionsgefäß mit Tropftrichter. In der Mitte die beiden Absorptionsflaschen, rechts das CO_2-Auswaschgefäß und ganz rechts die Gasbürette mit Niveaugefäß zur Bestimmung des Restgases.

Leider läßt sich die für die Badüberwachung überaus gut geeignete Gasanalyse mit dieser Anordnung in der Praxis nicht durchführen. Hierzu müßten unmittelbar anzeigende Geräte entwickelt werden (ähnlich z.B. dem magnetischen Siemens-Sauerstoffmesser, vgl. A. NAUMANN: Siemens-Zeitschr., 26 (1952) Heft 3).

Abbildung 18
Querschliff durch eine chemisch polierte Probe ohne Verwendung von Essigsäure

Abbildung 19
Querschliff durch eine chemisch polierte Probe, bei der das Polierbad 3o Vol.% Essigsäure enthielt

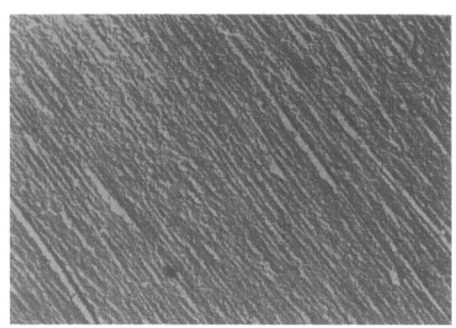

Abbildung 2o
Elektronenmikroskopische Aufnahme einer mechanisch polierten Probe. Die Politur erfolgte in der Weise, wie sie in der Metallographie üblich ist.
Vergrößerung: 1o ooo x

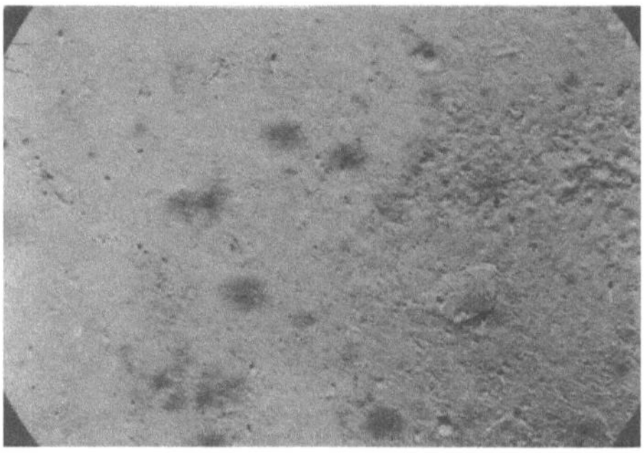

Abbildung 21
Elektronenmikroskopische Aufnahme einer chemisch polierten Probe
Vergrößerung: 1o ooo x

Die Viskosität schließlich kann dadurch korrigiert werden, daß ein Teil des erschöpften Bades von Zeit zu Zeit durch frische Lösung ersetzt wird. Versuche im technischen Maßstab müssen hier wie bei den beiden zuvor beschriebenen Regenerierverfahren zeigen, ob ein wirtschaftliches Arbeiten möglich ist.

D) Das Verfahren des chemischen Polierens in der Praxis

a) Was muß bei seinem technischen Einsatz beachtet werden?

Erfahrungsgemäß erhält man mit Temperaturen von 50 bis 60°C die besten Polierergebnisse. Man wird daher bei der bekannten, beträchtlichen Temperaturabhängigkeit in der Lage der Glanzgebiete die Temperatur möglichst konstant halten, was durch einfache Regeleinrichtungen leicht zu erreichen ist. Als Badbehälter eignen sich Steinzeug- oder V2A-Wannen, auch mit Kunststoff ausgekleidete Wannen scheinen sich gut zu bewähren. Für die Verwendung von Vinidur liegt die Dauertemperatur von 60°C schon etwas zu hoch, daher ist Oppanol empfehlenswerter.

Dringend erforderlich ist eine Absaugeeinrichtung, da beim Poliervorgang nitrose Gase gebildet werden. Die Gasentwicklung ist zwar bei weitem schwächer als beim Gelbbrennen, dafür ist aber die Explosionszeit länger. Je Kilogramm aufgelöstes Ms 63 ist immerhin mit einer entwickelten Stickoxydmenge von etwa 200 Litern zu rechnen. Bei der bekannten Gefährlichkeit der Stickoxyde kann daher auf die Erfordernis ausreichender Absaugung, z.B. mittels Absaugerahmen wie bei Chrombädern, nicht stark genug hingewiesen werden.

In diesem Zusammenhang sei auch darauf aufmerksam gemacht, daß beim Arbeiten mit rauchender Salpetersäure unbedingt eine Schutzbrille getragen werden muß. Für den Zusatz von Säureanhydriden (vgl. Abschn. C) zum Zwecke der Wasserverbindung, insbesondere von Essigsäureanhydrid, gilt dasselbe. Die Rehydratisierung des Anhydrids wird durch die (überaus reichlich vorhandenen) Wasserstoffionen so stark katalysiert, daß die momentan freiwerdende Rehydratisierungswärme bei zu rascher Zugabe ein gefährliches Verspritzen der Lösung hervorrufen kann.

Die Badüberwachung wird wesentlich erleichtert, wenn man das Volumen des Elektrolyten nicht zu knapp wählt. Die ersten Störungen treten ab Gehalten von etwa 50 g/l gelöstem Metall (Ms 63 oder Ns 18) auf. Kennt

man die zu polierende tägliche Stückzahl und durch einen Versuch die je
Stück abgetragene Metallmenge, so läßt sich leicht berechnen, welche Badmenge
genommen werden muß, damit eine ausreichende Betriebsbereitschaft
(beispielsweise über 2 Wochen hinweg) gewährleistet ist. Bei zu kleinen
Badvolumen läßt sich ein dauerndes Laborieren nicht vermeiden, so daß
ungleichmäßige Polierergebnisse erhalten werden.

Schließlich sei noch erwähnt, daß die Bauform der Einhängegestelle zu
beachten ist. Aus bisher unbekannten Gründen bildet sich an jeder Berührungsstelle
- gleichgültig, ob es sich um eine Klammer aus Metall,
Kunststoff oder irgend einem anderen Material handelt - ein matter
Fleck. Das Poliergut ist deshalb so zu halten, daß diese Flecken an
"erlaubten" Stellen liegen, was nicht immer leicht ist. An eine gute
Aufhängung wird außerdem noch die Forderung gestellt, daß die entwickelten
Gase aus den Gegenständen nach oben entweichen können, um Gasräume
zu vermeiden, in denen infolge Verdrängung der Säure keine Metallablösung
erfolgt.

Man sieht, daß das Verfahren in dieser Beziehung viel Ähnlichkeit mit
dem Hartverchromen hat, wo die Frage der richtigen Aufhängung in ähnlicher
Weise beachtet und gelöst werden muß.

b) Welche Möglichkeiten ergeben sich durch das chemische Polieren in der
   Metalloberflächenbehandlung ?

Die obigen Ausführungen haben einen Teil der Schwierigkeiten gezeigt,
die bei der Ausführung des Verfahrens auftreten. Vieles konnte im Rahmen
der vorliegenden kurzen Zusammenfassung nicht erwähnt werden. Aber
auch bei dieser sehr kurzen Behandlung könnte möglicherweise der Eindruck
entstanden sein, daß es sich beim chemischen Glänzen um einen
äußerst komplizierten Arbeitsgang handelt. Dies ist nicht der Fall, denn
das Verfahren ist im Gegenteil ein Musterbeispiel für Einfachheit und
Anspruchslosigkeit, sowohl in Bezug auf die erforderliche Ausrüstung
als auch in der Handhabung. Es dürfte auch einen recht breiten Anwendungsbereich
besitzen. Hierfür einige Hinweise zu geben, soll Aufgabe
dieses letzten Abschnittes sein.

Zunächst ergibt sich schon aus dem in Abschnitt A geschilderten besonderen
Mechanismus des Glänzens, daß es zwar grobe Rauhigkeiten nicht

zu entfernen vermag, daß aber die Mikrorauhigkeiten sehr rasch eingeebnet werden. Wie weitgehend dies der Fall ist, zeigen die beiden elektronenmikroskopischen Aufnahmen Abb. 2o und 21, die nach dem Abdruckverfahren von einer mechanisch und einer chemisch polierten Oberfläche hergestellt wurden. Von Wichtigkeit kann dieser besondere Effekt des chemischen Polierens z.B. bei Bauteilen von Elektronenröhren sein, an denen hohe Spannungen liegen. Durch die Entfernung der Mikrorauhigkeiten verschwinden die Stellen mit kleinstem Krümmungshalbmesser, so daß die Kaltemission herabgesetzt wird (Beispiel : Fernsehröhren).

In weitaus den häufigsten Fällen wird man allerdings nicht auf diese Eigenschaft Wert legen, sondern auf die mit ihr verknüpfte Glanzsteigerung. Hier liegt ein großes Anwendungsgebiet für das Verfahren. Überall, wo es darauf ankommt, Teile zu polieren, die sich schlecht mechanisch bearbeiten lassen, ist grundsätzlich das chemische Glänzen anwendbar. Leider läßt die bisher erreichte Oberflächengüte noch zu wünschen übrig, aber bei weiterer Verbesserung dürfte das Verfahren einen Platz im Wettbewerb mit den herkömmlichen mechanischen Polierverfahren und mit dem elektrolytischen Polieren gewinnen. Sehr geeignet sind vor allem Kleinteile, die beim mechanischen Polieren schlecht gehandhabt werden können (z.B. Armaturenteile, Lampenteile, Überwurfmuttern, Glühlampensockel u.v.a.), ferner Teile, die eine mechanische Politur nicht zulassen, wie z.B. Siebe, Drahtgeflechte usw. Das Verfahren kann auch in unmittelbare Konkurrenz zum mechanischen Polieren treten, da es den Poliervorgang verbilligt. Dies ist vor allem bei Teilen der Fall, an die keine zu hohen Ansprüche bezüglich der Güte der Politur gestellt werden, z.B. bei Schaltelementen der Elektroindustrie, bei Schlauchventilteilen für Fahrräder, Autos usw., bei Armaturen und zahlreichen anderen Gegenständen.

Zum Schluß sei noch darauf hingewiesen, daß das chemische Glänzen in Verbindung mit modernen Glanznickelverfahren auch höhere Ansprüche zu erfüllen vermag, da die leicht durch den Poliervorgang hervorgerufene Oberflächennarbung durch die einebnende Wirkung stärkerer Glanznickelauflagen verschwindet.

Prof. Dr. G. S C H M I D
Dipl.-Ing. HEINZ SPÄHN, Stuttgart

Forschungsberichte des Wirtschafts- und Verkehrsministeriums Nordrhein Westfalen

L i t e r a t u r v e r z e i c h n i s

1) A.P. 2 446 060, ref. in Metalloberfl. 2 (1950) S. 118
2) H. F. WALTON, Journ. Electrochem. Soc. 97 (1950) S. 290

FORSCHUNGSBERICHTE
DES WIRTSCHAFTS- UND VERKEHRSMINISTERIUMS
NORDRHEIN-WESTFALEN

Herausgegeben von Ministerialdirektor Prof. Leo Brandt

Heft 1:
Prof. Dr.-Ing. Eugen Flegler, Aachen,
Untersuchungen oxydischer Ferromagnet-Werkstoffe

Heft 2:
Prof. Dr. phil. Walter Fuchs, Aachen,
Untersuchungen über absatzfreie Teeröle

Heft 3:
Techn.-Wissenschaftl. Büro für die Bastfaserindustrie, Bielefeld,
Untersuchungsarbeiten zur Verbesserung des Leinenwebstuhls

Heft 4:
Prof. Dr. E. A. Müller u. Dipl.-Ing. H. Spitzer, Dortmund,
Untersuchungen über die Hitzebelastung in Hüttenbetrieben

Heft 5:
Dipl.-Ing. Werner Fister, Aachen,
Prüfstand der Turbinenuntersuchungen

Heft 6:
Prof. Dr. phil. Walter Fuchs, Aachen,
Untersuchungen über die Zusammensetzung und Verwendbarkeit von Schwelteerfraktionen

Heft 7:
Prof. Dr. phil. Walter Fuchs, Aachen,
Untersuchungen über emsländisches Petrolatum

Heft 8:
Maria Elisabeth Meffert und Heinz Stratmann, Essen
Algen-Großkulturen im Sommer 1951

Heft 9:
Techn.-Wissenschaftl. Büro für die Bastfaserindustrie, Bielefeld,
Untersuchungen über die zweckmäßige Wicklungsart von Leinengarnkreuzspulen unter Berücksichtigung der Anwendung hoher Geschwindigkeiten des Garnes
Vorversuche für Zetteln und Schären von Leinengarnen auf Hochleistungsmaschinen

Heft 10:
Prof. Dr. Wilhelm Vogel, Köln,
„Das Streifenpaar" als neues System zur mechanischen Vergrößerung kleiner Verschiebungen und seine technischen Anwendungsmöglichkeiten

Heft 11:
Laboratorium für Werkzeugmaschinen und Betriebslehre, Technische Hochschule Aachen,
1. Untersuchungen über Metallbearbeitung im Frässvorgang mit Hartmetallwerkzeugen und negativem Spanwinkel
2. Weiterentwicklung des Schleifverfahrens für die Herstellung von Präzisionswerkstücken unter Vermeidung hoher Temperaturen
3. Untersuchung von Oberflächenveredlungsverfahren zur Steigerung der Belastbarkeit hochbeanspruchter Bauteile

Heft 12:
Elektrowärme-Institut, Langenberg (Rhld.),
Induktive Erwärmung mit Netzfrequenz

Heft 13:
Techn.-Wissenschaftl. Büro für die Bastfaserindustrie, Bielefeld,
Das Naßspinnen von Bastfasergarnen mit chemischen Zusätzen zum Spinnbad

Heft 14:
Forschungsstelle für Acetylen, Dortmund,
Untersuchungen über Aceton als Lösungsmittel für Acetylen

Heft 15:
Wäschereiforschung Krefeld,
Trocknen von Wäschestoffen

Heft 16:
Max-Planck-Institut für Kohlenforschung, Mülheim a. d. Ruhr,
Arbeiten des MPI für Kohlenforschung

Heft 17:
Ingenieurbüro Herbert Stein, M. Gladbach,
Untersuchung der Verzugsvorgänge in den Streckwerken verschiedener Spinnereimaschinen. 1. Bericht: Vergleichende Prüfung mit verschiedenen Dickenmeßgeräten

Heft 18:
Wäschereiforschung Krefeld,
Grundlagen zur Erfassung der chemischen Schädigung beim Waschen

Heft 19:
Techn.-Wissenschaftl. Büro für die Bastfaserindustrie, Bielefeld,
Die Auswirkung des Schlichtens von Leinengarnketten auf den Verarbeitungswirkungsgrad, sowie die Festigkeits- und Dehnungsverhältnisse der Garne und Gewebe

Heft 20:
Techn.-Wissenschaftl. Büro für die Bastfaserindustrie, Bielefeld,
Trocknung von Leinengarnen I
Vorgang und Einwirkung auf die Garnqualität

Heft 21:
Techn.-Wissenschaftl. Büro für die Bastfaserindustrie, Bielefeld,
Trocknung von Leinengarnen II
Spulenanordnung und Luftführung beim Trocknen von Kreuzspulen

Heft 22:
Techn.-Wissenschaftl. Büro für die Bastfaserindustrie, Bielefeld,
Die Reparaturanfälligkeit von Webstühlen

Heft 23:
Institut für Starkstromtechnik, Aachen,
Rechnerische und experimentelle Untersuchungen zur Kenntnis der Metadyne als Umformer von konstanter Spannung auf konstanten Strom

Heft 24:
Institut für Starkstromtechnik, Aachen,
Vergleich verschiedener Generator-Metadyne-Schaltungen in bezug auf statisches Verhalten

Heft 25:
Gesellschaft für Kohlentechnik mbH., Dortmund-Eving,
Struktur der Steinkohlen und Steinkohlen-Kokse

Heft 26:
Techn.-Wissenschaftl. Büro für die Bastfaserindustrie, Bielefeld,
Vergleichende Untersuchungen zweier neuzeitlicher Ungleichmäßigkeitsprüfer für Bänder und Garne hinsichtlich ihrer Eignung für die Bastfaserspinnerei

Heft 27:
Prof. Dr. E. Schratz, Münster,
Untersuchungen zur Rentabilität des Arzneipflanzenanbaues
Römische Kamille, Anthemis nobilis L.

Heft 28:
Prof. Dr. E. Schratz, Münster,
Calendula officinalis L.
Studien zur Ernährung, Blütenfüllung und Rentabilität der Drogengewinnung

Heft 29:
Techn.-Wissenschaftl. Büro für die Bastfaserindustrie, Bielefeld,
Die Ausnützung der Leinengarne in Geweben

Heft 30:
Gesellschaft für Kohlentechnik mbH., Dortmund-Eving,
Kombinierte Entaschung und Verschwelung von Steinkohle; Aufarbeitung von Steinkohlenschlämmen zu verkokbarer oder verschwelbarer Kohle

Heft 31:
Dipl.-Ing. Störmann, Essen,
Messung des Leistungsbedarfs von Doppelsteg-Kettenförderern

Heft 32:
Techn.-Wissenschaftl. Büro für die Bastfaserindustrie, Bielefeld,
Der Einfluß der Natriumchloridbleiche auf Qualität und Verwebbarkeit von Leinengarnen und die Eigenschaften der Leinengewebe unter besonderer Berücksichtigung des Einsatzes von Schützen- und Spulenwechselautomaten in der Leinenweberei

Heft 33:
Kohlenstoffbiologische Forschungsstation e. V.,
Eine Methode zur Bestimmung von Schwefeldioxyd und Schwefelwasserstoff in Rauchgasen und in der Atmosphäre

Heft 34:
Textilforschungsanstalt Krefeld,
Quellungs- und Entquellungsvorgänge bei Faserstoffen

Heft 35:
Professor Dr. Wilhelm Kast, Krefeld,
Feinstrukturuntersuchungen an künstlichen Zellulosefasern verschiedener Herstellungsverfahren

Heft 36:
Forschungsinstitut der feuerfesten Industrie, Bonn,
Untersuchungen über die Trocknung von Rohton. Untersuchungen über die chemische Reinigung von Silika- und Schamotte-Rohstoffen mit chlorhaltigen Gasen

Heft 37:
Forschungsinstitut der feuerfesten Industrie, Bonn,
Untersuchungen über den Einfluß der Probenvorbereitung auf die Kaltdruckfestigkeit feuerfester Steine

Heft 38:
Forschungsstelle für Acetylen, Dortmund,
Untersuchungen über die Trocknung von Acetylen zur Herstellung von Dissousgas

Heft 39:
Forschungsgesellschaft Blechverarbeitung e. V., Düsseldorf,
Untersuchungen an prägegemusterten und vorgelochten Blechen

Heft 40:
Landesgeologe Dr.-Ing. W. Wolff, Amt für Bodenforschung, Krefeld,
Untersuchungen über die Anwendbarkeit geophysikalischer Verfahren zur Untersuchung von Spateisengängen im Siegerland

Heft 41:
Techn.-Wissenschaftl. Büro für die Bastfaserindustrie, Bielefeld,
Untersuchungsarbeiten zur Verbesserung des Leinenwebstuhles II

Heft 42:
Professor Dr. Burckhardt Helferich, Bonn,
Untersuchungen über Wirkstoffe — Fermente — in der Kartoffel und die Möglichkeit ihrer Verwendung

Heft 43:
Forschungsgesellschaft Blechverarbeitung e. V., Düsseldorf,
Forschungsergebnisse über das Beizen von Blechen

Heft 44:
Arbeitsgemeinschaft für praktische Dehnungsmessung, Düsseldorf,
Eigenschaften und Anwendungen von Dehnungsmeßstreifen

Heft 45:
Losenhausenwerk Düsseldorfer Maschinenbau AG., Düsseldorf,
Untersuchungen von störenden Einflüssen auf die Lastgrenzenanzeige von Dauerschwingprüfmaschinen

Heft 46:
Professor Dr. phil. W. Fuchs, Aachen,
Untersuchungen über die Aufbereitung von Wasser für die Dampferzeugung in Benson-Kesseln

Heft 47:
Prof. Dr.-Ing. habil. Karl Krekeler, Aachen,
Versuche über die Anwendung der induktiven Erwärmung zum Sintern von hochschmelzenden Metallen sowie zur Anlegierung und Vergütung von aufgespritzten Metallschichten mit dem Grundwerkstoff.

Heft 48:
Max-Planck-Institut für Eisenforschung, Düsseldorf,
Spektrochemische Analyse der Gefügebestandteile in Stählen nach ihrer Isolierung

Heft 49:
Max-Planck-Institut für Eisenforschung, Düsseldorf,
Untersuchungen über Ablauf der Desoxydation und die Bildung von Einschlüssen in Stählen

Heft 50:
Max-Planck-Institut für Eisenforschung, Düsseldorf,
Flammenspektralanalytische Untersuchung der Ferritzusammensetzung in Stählen

Heft 51:
Verein zur Förderung von Forschungs- und Entwicklungsarbeiten in der Werkzeugindustrie e. V., Remscheid,
Untersuchungen an Kreissägeblättern für Holz, Fehler- und Spannungsprüfverfahren

Heft 52:
Forschungsstelle für Azetylen, Dortmund,
Untersuchungen über den Umsatz bei der explosiblen Zersetzung von Azetylen
  a) Zersetzung von gasförmigem Azetylen,
  b) Zersetzung von an Silikagel adsorbiertem Azetylen

Heft 53:
Professor Dr.-Ing. H. Opitz, Aachen,
Reibwert- und Verschleißmessungen an Kunststoffgleitführungen für Werkzeugmaschinen

Heft 54:
Professor Dr.-Ing. habil. F. A. F. Schmidt, Aachen,
Schaffung von Grundlagen für die Erhöhung der spez. Leistung und Herabsetzung des spez. Brennstoffverbrauches bei Ottomotoren mit Teilbericht über Arbeiten an einem neuen Einspritzverfahren

Heft 55:
Forschungsgesellschaft Blechverarbeitung, Düsseldorf,
Chemisches Glänzen von Messing und Neusilber

Heft 56:
Forschungsgesellschaft Blechverarbeitung, Düsseldorf,
Untersuchungen über einige Probleme der Behandlung von Blechoberflächen

Heft 57:
Prof. Dr.-Ing. habil. F. A. F. Schmidt, Aachen,
Untersuchungen zur Erforschung des Einflusses des chemischen Aufbaues des Kraftstoffes auf sein Verhalten im Motor und in Brennkammern von Gasturbinen.

Heft 58:
Gesellschaft für Kohlentechnik m. b. H., Dortmund,
Herstellung und Untersuchung von Steinkohlenschwelteer.

VERÖFFENTLICHUNGEN
DER ARBEITSGEMEINSCHAFT FÜR FORSCHUNG
DES LANDES NORDRHEIN-WESTFALEN

Im Auftrage des Ministerpräsidenten Karl Arnold

Herausgegeben von Ministerialdirektor Prof. Leo Brandt

Heft 1:
Prof. Dr.-Ing. Friedrich Seewald, Technische Hochschule Aachen,
Neue Entwicklungen auf dem Gebiete der Antriebsmaschinen
Prof. Dr.-Ing. Friedrich A. F. Schmidt, Technische Hochschule Aachen,
Technischer Stand und Zukunftsaussichten der Verbrennungsmaschinen, insbesondere der Gasturbinen
Dr.-Ing. R. Friedrich, Siemens-Schuckert-Werke A.-G., Mülheimer Werk,
Möglichkeiten und Voraussetzungen der industriellen Verwertung der Gasturbine

Heft 2:
Prof. Dr.-Ing. Wolfgang Riezler, Universität Bonn,
Probleme der Kernphysik
Prof. Dr. phil. Fritz Micheel, Universität Münster,
Isotope als Forschungsmittel in der Chemie und Biochemie

Heft 3:
Prof. Dr. med. Emil Lehnartz, Universität Münster,
Der Chemismus der Muskelmaschine
Prof. Dr. med. Gunther Lehmann, Direktor des Max-Planck-Instituts für Arbeitsphysiologie, Dortmund,
Physiologische Forschung als Voraussetzung der Bestgestaltung der menschlichen Arbeit
Prof. Dr. Heinrich Kraut, Max-Planck-Institut für Arbeitsphysiologie, Dortmund,
Ernährung und Leistungsfähigkeit

Heft 4:
Prof. Dr. Franz Wever, Max-Planck-Institut für Eisenforschung, Düsseldorf,
Aufgaben der Eisenforschung
Prof. Dr.-Ing. Hermann Schenck, Technische Hochschule Aachen,
Entwicklungslinien des deutschen Eisenhüttenwesens
Prof. Dr.-Ing. Max Haas, Techn. Hochschule Aachen,
Wirtschaftliche und technische Bedeutung der Leichtmetalle und ihre Entwicklungsmöglichkeiten

Heft 5:
Prof. Dr. med. Walter Kikuth, Medizinische Akademie Düsseldorf,
Virusforschung
Prof. Dr. Rolf Danneel, Universität Bonn,
Fortschritte der Krebsforschung
Prof. Dr. med. Dr. phil. W. Schulemann, Univ. Bonn,
Wirtschaftliche und organisatorische Gesichtspunkte für die Verbesserung unserer Hochschulforschung

Heft 6:
Prof. Dr. Walter Weizel, Institut für theoretische Physik, Bonn,
Die gegenwärtige Situation der Grundlagenforschung in der Physik
Prof. Dr. Siegfried Strugger, Universität Münster,
Das Duplikantenproblem in der Biologie
Prof. Dr. Rolf Danneel, Universität Bonn,
Über das Verhalten der Mitochondrien bei der Mitose der Mesenchymzellen des Hühner-Embryos
Direktor Dr. Fritz Gummert, Ruhrgas A.-G., Essen,
Überlegungen zu den Faktoren Raum und Zeit im biologischen Geschehen und Möglichkeiten einer Nutzanwendung

Heft 7:
Prof. Dr.-Ing. August Götte, Technische Hochschule Aachen,
Steinkohle als Rohstoff und Energiequelle
Prof. Dr. e. h. Karl Ziegler, Max-Planck-Institut für Kohlenforschung Mülheim a. d. Ruhr,
Über Arbeiten des Max-Planck-Instituts für Kohlenforschung

Heft 8:
Prof. Dr.-Ing. Wilhelm Fucks, Technische Hochschule Aachen,
Die Naturwissenschaft, die Technik und der Mensch
Prof. Dr. sc. pol. Walther Hoffmann, Universität Münster,
Wirtschaftliche und soziologische Probleme des technischen Fortschritts

Heft 9:
Prof. Dr.-Ing. Franz Bollenrath, Technische Hochschule Aachen,
Zur Entwicklung warmfester Werkstoffe
Dr. Heinrich Kaiser, Staatl. Materialprüfungsamt Dortmund,
Stand spektralanalytischer Prüfverfahren und Folgerung für deutsche Verhältnisse

Heft 10:
Prof. Dr. Hans Braun, Universität Bonn,
Möglichkeiten und Grenzen der Resistenzzüchtung
Prof. Dr.-Ing. Carl Heinrich Dencker, Universität Bonn,
Der Weg der Landwirtschaft von der Energieautarkie zur Fremdenergie

Heft 11:
Prof. Dr.-Ing. Herwart Opitz, Technische Hochschule Aachen,
Entwicklungslinien der Fertigungstechnik in der Metallbearbeitung
Prof. Dr.-Ing. Karl Krekeler, Technische Hochschule Aachen,
Stand und Aussichten der schweißtechnischen Fertigungsverfahren

Heft: 12
Dr. Hermann Rathert, Mitglied des Vorstandes der Vereinigten Glanzstoff-Fabriken A.-G., Wuppertal-Elberfeld,
Entwicklung auf dem Gebiet der Chemiefaser-Herstellung
Prof. Dr. Wilhelm Weltzien, Direktor der Textilforschungsanstalt Krefeld,
Rohstoff und Veredlung in der Textilwirtschaft

Heft: 13
Dr.-Ing. e. h. Karl Herz, Chefingenieur im Bundesministerium für das Post- und Fernmeldewesen Frankfurt a. Main,
Die technischen Entwicklungstendenzen im elektrischen Nachrichtenwesen
Ministerialdirektor Dipl.-Ing. Leo Brandt, Düsseldorf,
Navigation und Luftsicherung

Heft 14:
Prof. Dr. Burckhardt Helferich, Universität Bonn,
Stand der Enzymchemie und ihre Bedeutung
Prof. Dr. med. Hugo W. Knipping, Direktor der Med. Universitätsklinik Köln,
Ausschnitt aus der klinischen Carcinomforschung am Beispiel des Lungenkrebses

Heft 15:
Prof. Dr. Abraham Esau, Technische Hochschule Aachen,
Die Bedeutung von Wellenimpulsverfahren in Technik und Natur
Prof. Dr.-Ing. Eugen Flegler, Technische Hochschule Aachen,
Die ferromagnetischen Werkstoffe in der Elektrotechnik und ihre neueste Entwicklung

Heft 16:
Prof. Dr. rer. pol. Rudolf Seyffert, Universität Köln,
Die Problematik der Distribution
Prof. Dr. rer. pol. Theodor Beste, Universität Köln,
Der Leistungslohn

Heft 17:
Prof. Dr.-Ing. Friedrich Seewald, Technische Hochschule Aachen,
Die Flugtechnik und ihre Bedeutung für den allgemeinen technischen Fortschritt
Prof. Dr.-Ing. Edouard Houdremont, Essen,
Art und Organisation der Forschung in einem Industriekonzern

Heft 18:
Prof. Dr. med. Dr. phil. W. Schulemann, Universität Bonn,
Theorie und Praxis pharmakologischer Forschung
Prof. Dr. Wilhelm Groth, Direktor des Physikalisch-Chemischen Instituts, Universität Bonn,
Technische Verfahren zur Isotopentrennung

Heft 19:
Dipl.-Ing. Kurt Traenckner, Stellvertr. Vorstandsmitglied der Ruhrgas-A.G., Essen,
Entwicklungstendenzen der Gaserzeugung

Heft 21:
Prof. Dr. phil. Robert Schwarz, Aachen,
Wesen und Bedeutung der Silicium-Chemie
Prof. Dr. Kurt Alder, Universität Köln,
Fortschritte in der Synthese von Kohlenstoffverbindungen

Heft 21 a
Jahresfeier der Arbeitsgemeinschaft für Forschung des Landes Nordrhein-Westfalen am 21. 5. 1952 in Düsseldorf mit Ansprachen des Herrn Bundespräsidenten Professor Dr. Theodor Heuss, des Herrn Ministerpräsidenten Arnold, Frau Kultusminister Teusch, der Herren Professor Dr. Hahn, Professor Dr. Strugger, Vizepräsident Dobbert, Professor Dr. Richter, Professor Dr. Fucks.

Heft 22:
Prof. Dr. Johannes von Allesch, Universität Göttingen,
Die Bedeutung der Psychologie im öffentlichen Leben
Prof. Dr. med. Otto Graf, Max-Planck-Institut für Arbeitsphysiologie, Dortmund,
Triebfedern menschlicher Leistung

Heft 23:
Prof. Dr. phil. Dr. jur. h. c. Bruno Kuske, Universität Köln,
Probleme der Raumforschung
Prof. Dr. Dr.-Ing. e. h. Prager,
Städtebau und Landesplanung

Heft 23 a:
M. Zvegintzov, Wissenschaftliche Forschung und die Auswertung ihrer Ergebnisse. Ziel und Tätigkeit der National Research Development Corporation
Dr. Alexander King, Department of Scientific & Industrial Research, London,
Wissenschaft und internationale Beziehungen

Heft 24:
Prof. Dr. Rolf Danneel, Universität Bonn,
Über die Wirkungsweise der Erbfaktoren
Prof. Dr. K. Herzog, Medizinische Akademie Düsseldorf,
Bewegungsbedarf der menschlichen Gliedmaßengelenke bei der Berufsarbeit

Heft 25:
Prof. Dr. O. Haxel, Heidelberg,
Energiegewinnung aus Kernprozessen
Dr. Dr. Max Wolf, Düsseldorf,
Gegenwartsprobleme der energiewirtschaftlichen Forschung

Heft 26:
Prof. Dr. Friedrich Becker, Universität Bonn,
Ultrakurzwellen aus dem Weltraum, ein neues Forschungsgebiet der Astronomie
Dozent Dr. H. Straßl, Bonn,
Bemerkenswerte Doppelsterne und das Problem der Sternentwicklung

Heft 27:
Prof. Dr. Heinrich Behnke, Universität Münster,
Der Strukturwandel der Mathematik in der ersten Hälfte des 20. Jahrhunderts
Prof. Dr. E. Sperner, Bonn,
Eine mathematische Analyse der Luftdruckverteilungen in großen Gebieten

Heft 28:
Prof. Dr. O. Niemczyk, Aachen,
Die Problematik gebirgsmechanischer Vorgänge im Steinkohlenbergbau
Prof. Dr. W. Ahrens, Krefeld,
Die Bedeutung geologischer Forschung für die Wirtschaft, besonders in Nordrhein-Westfalen

Heft 29:
Prof. Dr. B. Rensch, Münster,
Das Problem der Residuen bei Lernleistungen
Prof. Dr. H. Fink, Köln,
Über Leberschäden bei der Bestimmung des biologischen Wertes verschiedener Eiweiße von Mikroorganismen

Heft 30:
Prof. Dr.-Ing. F. Seewald, Aachen,
Forschungen auf dem Gebiete der Aerodynamik
Prof. Dr.-Ing. K. Leist, Aachen,
Forschungen in der Gasturbinentechnik

Heft 31:
Direktor Dr. F. Mietzsch, Wuppertal,
Chemie und wirtschaftliche Bedeutung der Sulfonamide
Prof. Dr. G. Domagk, Wuppertal,
Die experimentellen Grundlagen der Chemotherapie der bakteriellen Infektionen

Heft 32:
Prof. Dr. Hans Braun, Universität Bonn,
Die Verschleppung von Pflanzenkrankheiten und -schädlingen über die Welt
Prof. Dr. Wilhelm Rudorf, Max-Planck-Institut für Züchtungsforschung, Voldagsen,
Der Beitrag von Genetik und Züchtung zur Bekämpfung von Viruskrankheiten der Nutzpflanzen

Heft 33:
Prof. Dr.-Ing. V. Aschoff, Aachen,
Probleme der elektroakustischen Einkanalübertragung
Prof. Dr.-Ing. H. Döring, Aachen,
Erzeugung und Verstärkung von Mikrowellen

Heft 34:
Geheimrat Prof. Dr. Rudolf Schenck, Aachen,
Bedingungen und Gang der Kohlenhydratsynthese im Licht
Prof. Dr. Emil Lehnartz, Universität Münster,
Die Endstufen des Stoffabbaus im Organismus

Heft 35:
Prof. Dr.-Ing. H. Schenk, Aachen,
Gegenwartsprobleme der Eisenindustrie in Deutschland
Prof. Dr.-Ing. E. Piwowarsky, Aachen,
Gelöste und ungelöste Probleme des Gießereiwesens

Geisteswissenschaften

Heft 1:
Prof. Dr. W. Richter, Bonn,
Die Bedeutung der Geisteswissenschaften für die Bildung unserer Zeit

Prof. Dr. J. Ritter, Münster,
Die aristotelische Lehre vom Ursprung und Sinn der Theorie

Heft 2:
Prof. Dr. J. Kroll, Köln,
Elysium
Prof. Dr. G. Jachmann, Köln,
Die vierte Ekloge Vergils

Heft 3:
Prof. Dr. H. E. Stier, Münster,
Die klassische Demokratie

Heft 4:
Prof. Dr. W. Caskel, Köln,
Lihjan und Lihjanisch. Sprache und Kultur eines früharabischen Königreiches

Heft 5:
Prof. Dr. Th. Ohm, Münster,
Stammesreligionen im südlichen Tanganyika-Territorium. — Religionswissenschaftliche Ergebnisse meiner Ostafrikareise 1951

Heft 6:
Prälat Prof. Dr. G. Schreiber, Münster,
Deutsche Wissenschaftspolitik von Bismarck bis zum Atomphysiker Otto Hahn

Heft 7:
Prof. Dr. W. Holtzmann, Bonn,
Das mittelalterliche Imperium und die werdenden Nationen

Heft 8:
Prof. Dr. W. Caskel, Köln,
Die Bedeutung der Beduinen in der Geschichte der Araber

Heft 9:
Prälat Prof. Dr. G. Schreiber, Münster,
Iroschottische und angelsächsische Kultureinflüsse im Mittelalter

Heft 10:
Prof. Dr. P. Rassow, Köln,
Forschungen zur Reichsidee im 16. und 17. Jahrhundert

Heft 11:
Prof. Dr. H. E. Stier, Münster,
Roms Aufstieg zur Weltherrschaft

Heft 12:
Prof. Dr. D. K. H. Rengstorf, Münster,
Zum Problem der Gleichberechtigung zwischen Mann und Frau auf dem Boden des Urchristentums
Prof. Dr. H. Conrad, Bonn,
Grundprobleme einer Reform des Familienrechts

Heft 13:
Professor Dr. Max Braubach, Bonn,
Der Weg zum 20. Juli 1944 — Ein Forschungsbericht

Heft 14:
Prof. Dr. Paul Hübinger, Münster
Das deutsch-französische Verhältnis und seine mittelalterlichen Grundlagen

Heft 15:
Prof. Dr. Franz Steinbach, Bonn,
Der geschichtliche Weg des wirtschaftenden Menschen in die soziale Freiheit und politische Verantwortung

Heft 16:
Prof. Dr. Josef Koch, Köln,
Die Ars coniecturalis des Nikolaus von Cues

Heft 17:
Dr. James B. Conant,
U.S.-Hochkommissar für Deutschland,
Staatsbürger und Wissenschaftler
Prof. Dr. D. Karl Heinrich Rengstorf, Münster,
Antike und Christentum

Heft 18:
Prof. Dr. Richard Alewyn, Köln,
Klopstocks Publikum

Heft 19:
Prof. Dr. Fritz Schalk, Köln,
Das Lächerliche in der französischen Literatur des Ancien Régime

Heft 20:
Prof. Dr. Ludwig Raiser, Bad Godesberg,
Präsident der Deutschen Forschungsgemeinschaft
Rechtsfragen der Mitbestimmung

Heft 21:
Prof. D. Martin Noth, Bonn,
Das Geschichtsverständnis der alttestamentlichen Apokalyptik
Prof. Dr.-Ing. Wilhelm Fucks, Aachen
Einige Probleme aus der Theorie des Sprechens, der Sprachen und des Sprechstils in mathematischer Behandlung

MIX
Papier aus verantwortungsvollen Quellen
Paper from responsible sources
FSC® C105338

If you have any concerns about our products,
you can contact us on
ProductSafety@springernature.com

In case Publisher is established outside the EU,
the EU authorized representative is:
**Springer Nature Customer Service Center GmbH
Europaplatz 3, 69115 Heidelberg, Germany**

Printed by Libri Plureos GmbH
in Hamburg, Germany